JN224800

生命と科学技術と社会

21 世紀の生命操作と思い通りにはさせぬ生き物の巧み

発生／生殖／クローニング編

山本 由美子

大阪公立大学出版会

はじめに

　本書は『生命と科学技術と社会 21 世紀の生命操作と思い通りにはさせぬ生き物の巧み』の「発生／生殖／クローニング」編である。現時点で未刊行であるが、同タイトルで「人工細胞／移植／ゲノム編集／人工生命体」編の出版が続く予定である。本書は全編をつうじて、生命と科学技術と社会の関係に注目し、生物学と医学または医療寄りでアプローチする。本書の趣旨は、とくにバイオテクノロジーに焦点をあてながら、それらテクノロジーについて「イケイケドンドン（推進派）」でも「絶対禁止（反対派）」でもなく、別の仕方で展望してみたい、とするものである。というのも、単にテクノロジーの賛否を問いそのどちらに与するかを迫るような議論は、じつのところ何も議論していないようにみえるし、私たちヒト含むあらゆる生き物の生・性・ライフ・生きざまについてあまりにも単純化しているようにみえるからである。

　もう少し説明を加えてみると、さまざまなバイオテクノロジーについて「イケイケドンドン」を掲げる人たちにおいては、往々にして科学をめぐる知の探究よりも、生産性や利益を重視しがちなようにみえる。同時に、そこに暗黙理に折り込まれているさまざまなバイアスは、そうと気づかれることが少ないうえに、いわゆるマジョリティの目線や価値観とも深く関与している。その一方で、次々と出現するあらたなバイオテクノロジーに対し、ともかく「絶対禁止」を掲げる人たちにおいては、その論調自体に、生き物をめぐる〈異質な存在〉や〈異なる在り方で生きようとすること〉を忌避したい傾向がどうしても滲み出ている。

　いずれの態度や立場も、テクノロジーや生き物を理解し、また社会との関係を考えるさい、望ましいとはいえない。別の言い方をしてみると、推進派と反対派の両者ともに、バイオテクノロジーを過信しすぎているか、そもそもバイオテクノロジーの個々の技術についてそのメカニズムを十分に把握していないか、端的に生き物をみくびっているとしか思えないのである。少なくとも、人間だけは特別と信じていることは間違いない。

　そこで、本書は上記のような頑なな大人たちに対抗すべく、初学者から中級者を想定した学生の読者に向けて、三つの目的を定めた。

　第一の目的は、少なくともヒトにかかわるバイオテクノロジーの諸技術に

ついて、憶測や伝聞によるものではなく、科学的に正確にその基本的な仕組みや概要を知ってほしいことである。なぜなら、ニュースや新聞で取り上げられるバイオテクノロジーの説明においては、誇張や省略が日常的に散見されるし、場合によっては誤りすら含まれていることも稀ではないからである。なにしろ、人々はセンセーショナルなニュースが大好きであるし、それを手放しで信用してしまいがちである。報道側もインパクトのあるニュースで部数や視聴率を稼いだりするし、企業や製薬会社や研究チームとのつながりがあることも少なくない。

　第二の目的は、人間が生き物に技術的に介入しても、実はそう簡単に生き物は操作されえないと知ってほしいことである。そして、バイオテクノロジーに関わる生命というものの、あるいは生き物というものの、脆さと背中合わせの〈たくましさ〉や〈したたかかさ〉、そして人間の手中に置かれてもなお〈思い通りにさせなさ〉の面白さを垣間見てほしいことである。そのためにはとりわけ、生物学の基礎の基礎はおさえてほしい。そうすると、たとえば哺乳類においてクローン個体をつくったとして、その遺伝情報は理論上でも科学的にも、複製元個体（オリジナル）の遺伝情報と 100% 同じにはなりえないことが分かってくる。本書が生物学および医学または医療寄りでバイオテクノロジーを読み解いていくのは、いずれも私たち自身の生き物としての生命や身体と密接に関わっているからである。念のため記しておくのだが、もちろん生命のすべてが人間の手中に置かれているわけではない。

　第三の目的は、この現代社会にあって、資本と技術と科学の関係がさまざまに重大に問題含みであることはその通りなのだが、仮に、バイオテクノロジーの進展が社会における「逸脱」の事象をもたらしているとするのであれば、翻って、それは現実の社会そのものが内包しているひずみや問題こそを浮き彫りにしているかもしれない、このように考えてみる余地を拓いてほしいことである。つまり、「敵」はテクノロジーではない。ことはそう単純ではないし、テクノロジーはほかならぬ人間が用いている。

　そこから先については、個々の読者のみなさんに託す――著者はまだ思考の途上にあるため――ことになるだろう。具体的には、人間もまたほかならぬ生き物であり、この人間という生き物の在りようやその変容――変わるとはどういうことか、変わらないとはどういうことか、はたして変わらずにいられるのか等々――について、進化やテクノロジーやノン・ヒューマンとの

関係性から思考し続けていってもらえれば幸いである。

　これらはいうまでもなく、医療、遺伝、生殖、移植、生物学、ゲノム学、生物医学、生命工学などの領域と重層および関与し合っている。このことからも、本書では生殖とテクノロジーの関係や、生命の始まりや生きざま、その死にゆかされ方に重点を置くことになる。全体を通じては、いわゆる生命倫理の問題群とも重なるが、本書では倫理を直接的に問うことや技術の是非を議論することはしない。本書の趣旨は冒頭で述べたとおりである。

　このほかに本書が力を入れたのは、本文所々に科学史的エピソードを盛り込んだり、各章ごとにコラムを載せたりした点である。また、各章の註にはより詳しい情報を適宜加えてあるし、参考文献や読書案内に並ぶ書籍は、易しいものから高度なものまで知的に面白いものを挙げている。これらの工夫が、あまり語られない科学的事実や史実、これまで知らなかった興味深い事柄、より専門的かつ哲学的な視点に関心を寄せる一助となれば嬉しく思う。すべては、読者があらたな視野を広げると同時に、さらなる思考を深めていってくれることを願って書かれている。

2024 年　冬暁

著者　山本由美子

目　次

第 1 章

生命、生命科学、生命科学技術の来し方

本章では、生命とテクノロジーを考えるに先立つ、基本的な概念または定義について整理しておこう。大きくは生命、生命科学、生命科学技術とは何かを掴んでおくほか、生物とは何か、進化とは何か、遺伝とは何かといったマクロな生物学の基礎を押さえていく。これらは高校理科の復習も兼ねるが、少しだけ専門的な内容にも踏み込んでおこう。とくに進化については、多くの人々が致命的に誤って理解していることが多いので、この機会に見直しておきたい。そのうえで、ミクロな生物学の基礎が、生命科学の基礎を理解するうえでどうしても必要となってくる。これについては第 2 章で、なにはともあれ〈細胞〉から取り組んでいくことにする（細胞なくして生物は在りえないのだから）。

生物をめぐる基本的概念について、あとで分からなくなったときは第 1 章と第 2 章に戻って確認してほしい。これ以外にも把握しておきたい生物学の基礎はもちろんあり、以降の各章で、個別のテクノロジーと絡めながら随時みていくことにしよう。

1. 生命とは

生命をどう定義するかは難しい。定義はひとつに定まっているわけでもなければ、学問領域によって捉え方も異なる[1]。実は生物学者すら、生命とは何かについてあえて、厳格な定義をすることなしに研究している。少なくとも、生命を数学や化学のようにひとつの解で示すことは不可能である。だからといって、生物学だけが生命を研究対象とするわけではない。生化学や生物物理は化学や物理学の手法を用いて生命現象を分析してきたし、たとえば、フランス科学認識論は個々の諸科学とその歴史に即しながら、生命についての独自の哲学的系譜を構築してきた[2]。そのうえで、科学の進展に伴い生命の仕組みが分子レベルで解明されつつある現代となっても、生命そのものを実体として掴むことはやはり不可能なのだ。そうなると、生命は生命現象として捉えるしかない。しかも、その生命現象が常に変化し続けるもので

ある以上、なんらかの現象は、捉えた瞬間にはもう次の現象へと移行していくという性質をもたざるをえない。生命とは何かについてあえてざっくりといってみるなら、〈**生命とは絶え間なく流れる循環**〉とみることができる（[コラム① 動的平衡細] 参照）[3]。

　たとえば、生き物であるあなたは今この瞬間も、体のどこかの細胞が死んでいる。他方で、別の細胞が分裂を起こしあらたな細胞を生み出そうとしている。あるいは、あなたの生体内で起こる生化学反応[4]と化学物質の関係は、原子や分子のレベルで常時変化し続けている。こうした〈流れる循環〉のすべてが途絶えたときが、死である。生命は、死にゆくまでは生命であるが、死を迎えた後は生命ではない（精確には、生物個体の生命が絶えても個々の細胞の死は若干の猶予時間が残されている）。そして信じがたいかもしれないが、わたしたちは日々生きながら、日々間違いなく死に向かっている（不死ではいられない）。もっと大きな目線で考えるなら、わたしたちは人類の進化の途上にある。とてもゆっくり変化しているために気づくこともなく、視覚的に捉えることも不可能であるが、われわれはホモサピエンスの進化の現在進行形にある。注意したいのは、進化に完成型はないということだ。もちろん、進化したとわかるのは、数億年後か数十億年後のわれわれの遠い子孫による進化論的諸研究によってである。

　さらには、生命とはひとつで完結しているのではなく、さまざまな関係性をもって循環している。生命をどう定義するかによって、何を生命とみなすかの境界は流動しうる。細胞も生命であれば、細胞と細胞が集まって構成された生物個体も生命である。生態系全体も生命体であるし、個人の集まりである人間社会も生命体とみなしうる。後に述べるように、さまざまな生物との相互作用で成り立つ地球全体も大きな生命体とみることができる。

　このように、生命というものを完全に把握したり、その実体を掴んだりすることはできないのだが、だからこそ、生命または生物をめぐるその不思議さや巧みさは、わたしたちの知的好奇心をおおいに刺激する。生命に関わるテクノロジー（とくにバイオテクノロジー）との関係においても、生命というものは思いのほか、狙い通りには操作できない（操作されえない）のである。このことを本書全体で捉えていくつもりである。生命というものの人間の手中には収まりえないありようについて（現にその実体は掴めない）、肯定的に考えてみる視点は重要である。

2. 生物の定義、生命の来し方

2-1. 生物の3大特徴

　生命を定義することは困難でも、生物学では生物共通の特徴を挙げて、生物の定義はしている。なにはともあれ、すべての生物は細胞からなる。<u>生命を構成し循環していくひとまとまりの最小単位は、生物学では生物個体ではなく細胞である</u>[5]。

　生物の**3大特徴**は次のとおりである。

① 　細胞と呼ばれる構造体からなり、**細胞膜**をもつ。
② 　細胞内または細胞間で化学反応やエネルギー・物質をやり取りする**代謝機能**をもつ。
③ 　細胞が分裂することで自身を複製したり、繁殖により親から子へ遺伝情報が伝達されたりする**自己複製能**をもつ。

なお、より詳しく付け加えた5大特徴としては以下である。

④ 　自己複製に先立ち、遺伝情報としてDNAをもつ。
⑤ 　外部環境からの刺激に応答する（外界からの刺激を受容し、細胞質内で化学反応が起こって、最終的にはDNAの読み取りからあらたなタンパク質が合成がされる）[6]。

　ところで、よく知られるように、生命は海中で誕生したと考えられている。生物は、水に溶ける多くの物質から構成されている。水に溶ける物質が大洋にただ溶け込んでいるだけでは、構造物はできない。そこである仕掛けが発生してくる。もし、水に溶けない物質による仕切りがあったなら、その内側に、水に溶ける物質を閉じ込めることができる。生物の特徴①に関わるものであり、これこそが細胞膜の起源である[7]。カプセルのような膜にすっかり包まれて細胞が始まり（だから細胞は丸い）、最初の単細胞生物が登場する（図1）。果たして、こうした生命はその大元として、いったいどこからやってきたのだろうか。

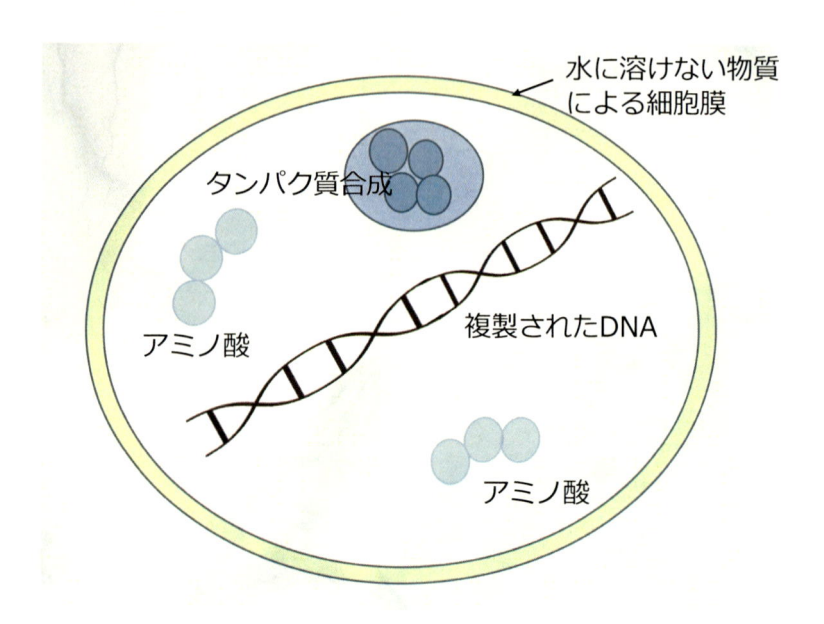

図 1　原始的な細胞の模図

2-2. 地球誕生、生命の起源

　生命の起源を辿るなら、原始地球の誕生まで遡ることになる。必然的に、宇宙の始まりにも関わってくる。地学になるのでここではざっくりと触れるに留めるが、少しだけ回り道をしておこう。よく知られるように、今からおよそ **138 億年前**、宇宙の最初は何もないところに現れた小さな火の球（高温高密度）であった。これが次第に膨張を続け、後にビッグバンと呼ばれる爆発的大膨張が起こった[8]。宇宙は四方八方に広がりながら（飛び散ったのではない）、重力や電磁力などを生み出し、その力が作用して物質のもとになる粒子ができた。ガス状の物質は形をもち始め、宇宙に漂っているガスや物質の塵があちこちでまとまりをつくって、無数の銀河が生まれた。

　およそ 50 億年前には銀河からたくさんの星が誕生し、そのうちのひとつが太陽となった。残ったガスや塵や隕石は太陽の周りに漂い、それらが回りながら衝突を重ねて太陽系が形成されていく。**46 億年前**に、この太陽系の一部として誕生したのが地球である。月は、できたての地球に近づいてきた惑星が地球の引力で捕えられてできた（惑星が地球に衝突して月ができたという説もある）。およそ 40 億年前になると、隕石の衝突が減って地表が冷

え始め、水蒸気が雨となるサイクルが何千年も続いていく。これが、原始的な海を形成した。

　ついに雨が止んで晴れ上がると、今度は太陽と落雷のエネルギーが作用し、地球をただようガスからさまざまな物質が生成された。それらは雲や海水に混じって、新しい物質をつくるのに機能していく。また、陸や海底の火山から噴出する硫化水素、水素、アンモニア、メタンなどが海中に溶け込み、これらの物質がアミノ酸や塩基などの単純な有機化合物をつくり出した。こうして、生命誕生の前段階となる化学反応（**化学進化**）[9] が進展していく。このような海水が潮の満ち引きや波で繰り返し攪拌され、やがて複雑な化合物ができた。**38 億年前**になると、地球で最初の生命体（現在の微生物の祖先）[10] がいよいよ海中から誕生してくる。ここに、生命の起源がある。

3.　進化とは

　38 億年前に生命が誕生して以来、生命は長い時間をかけて多種多様な種へと進化した。地球の生物はみな、最初の原始生物を祖先とし、そこから分岐していった親類同士なのである。なぜこういえるかというと、すべての生物が備えているゲノム・DNA・遺伝情報（これらは第 2 章で扱う）を辿っていくと分かるからだ。

　生物とは神の創造物ではなく世代を経て変化していくものであり、新しい種も進化によって誕生してきたことは、いまや科学的事実である。これを19 世紀に提唱したのが、イギリスの博物学者**チャールズ・ダーウィン**である。彼が 1859 年に出版した『種の起源』[11] が大反響を及ぼしたのは、それまで主流であった「創造説」に異議を唱えたからである。そして、人間も他の生き物と並列の存在であることを、「進化論」として証拠とともに理論化したからである。キリスト教的世界観を根底から覆したため、当初はかなりの反感を買ったという。『種の起源』が書かれたのは遺伝の法則も遺伝子の存在もまだ知られていなかった時代であり、現代からみれば誤った記述も少なからず見られるが、ダーウィンによって進化の科学的世界観が広がったのは確かである。実際、進化論の大筋としては間違っておらず、現在の進化生物学へと進化論自体が進化するのにも寄与したといえよう。

　一方で、19 世紀当初も、現在でさえも、進化論を誤解している人たちは

少なくない[12]。この誤解を正すべく、長谷川（2020, 2021）を参照し、大きく以下の4点を整理しよう。

第一に、生物の「自然淘汰（自然による選択）」はなんらかの「目的」があって作用するのではない。自然淘汰とは、ランダムに生じた個体の変異が偶然にも生存環境に適していた場合、その個体の変異が次世代に継承されることを意味する。つまり、変異が生存環境に適応した場合はその個体自体の生存や繁殖に好都合となるので、場当たり的に生き残って子孫を残すわけである。なお、ここでいう「目的」とは、たとえば「よりよくなる」とか「より向上する」とかいったようなことを指しうるが、先述のとおり、自然淘汰はそのような目的をもたないし無関係である。

第二に、生物は進化によって「進歩」してきたのではない。進化とは梯子や階段状でもなければ、ピラミッドのように唯の頂点をもつものでもない。いわんや人間がそのような頂点にいるわけでもない。進化は枝分かれかつ網状のプロセスであり[13]、今生きている生物はすべてが進化の最先端にいる。同時に、生物は進化し続けているのであり、永久不変などということはありえない（[コラム② 進化は網状] 参照）。また、進化は、生物に対して人間が恣意的にまなざし判定しているにすぎない、優劣や強弱などとも無関係である。

第三に、最初に現れた生物は確かに単細胞生物で、のちに多細胞生物が誕生していったのは事実であるが、生物は必ずしも複雑化ないし積み上げ式の方向へと進化していったわけではない。退化によって生存に有利となった生物は少なくないように、退化もまた進化の一側面なのである[14]。とりわけ、退化は進化の反対語ではない。

第四に、進化は「種の保存」のために起こるのではない。進化は、種という集団のためにではなく、個々の個体の利那的有利さに沿って起こる。同時に、個々の個体が運良く次の世代にどれだけ子孫を残したかによる。つまり、進化のプロセスは「個人（生物個体）マター」なのであり、「集団（種）マター」なのではない。ヒトは集団をつくり、集団のために、そ

の集団内の社会関係によって支え合うこともあれば、「個」を埋没させるような思考や圧力が働くことがある。しかし、これをヒト以外の生物にそっくり当てはめて考えるのは間違いである。

4. 遺伝とは

19世紀、**グレゴール・メンデル**（オーストリアの修道士）がエンドウマメの交配実験に取り組んだことはよく知られる。農業や園芸の品種改良が盛んであった欧州情勢を背景に、メンデルはエンドウマメを育て、地道な遺伝の研究をした。そのさい、親から子へと伝わる「何か」（今でいう遺伝子）があることを突き止めた。また、遺伝における三つの法則を見出した。すなわち「優性の法則[15]」・「分離の法則」・「独立の法則」であり、これらをまとめて「メンデルの法則」と呼んでいる。発表当初はほとんど相手にされなかったが、後の生物学の発展を支える重要な発見であり、メンデルの法則は、次第に遺伝学の基礎として広く認められることになった。現代の遺伝子組換え技術とも、メンデルの法則は深く関与している。

ここで「メンデルの法則」の概略[16]を押さえておこう（**図2**）。生物個体

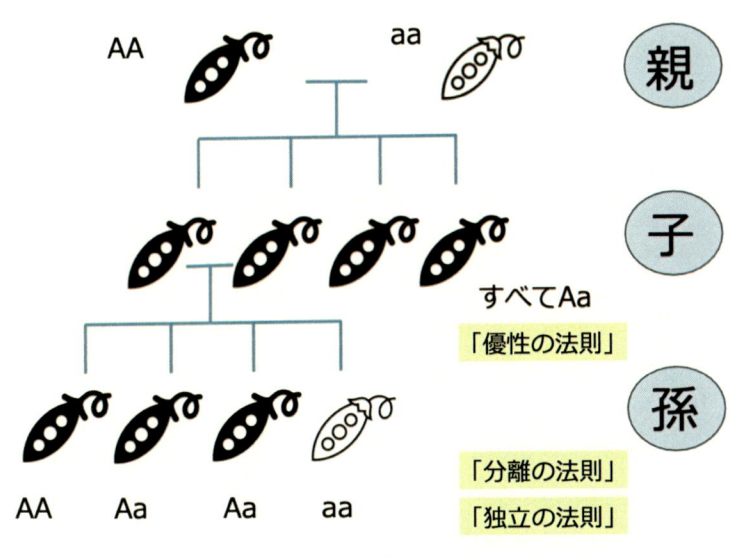

図2　メンデルの法則

は、ひとつの形質に対して両親からひとつずつの遺伝子を引き継いでいる。形質とは、毛の色や足の数、目の場所や羽の形など、それぞれの生物がもつさまざまな特徴のことである。これを定めているのが遺伝子である。親に「似ている」というのは親の形質を受け継いだからであり、これを遺伝という。

　遺伝において表現型として現れやすい形質を「優性（顕性）」、現れにくい形質を「劣性（潜性）」という。例としてここでは、[優性の遺伝子を A]、[劣性の遺伝子を a] と定義して考えていこう。父母の両方からそれぞれ同じ型の遺伝子を継承すれば、AA や aa という組み合わせになる。なお、AA や aa のように遺伝子型が両方とも揃った状態をホモと呼ぶ。もし、AA と aa の間で子ができれば、掛け合わせに沿ってどの子も遺伝子型はすべて Aa となる。また、表現型は優性ということになる。このように、優性の形質のみが現れることを「**優性の法則**」という。

　一方、Aa のように両方の遺伝子型が同じではない状態をヘテロと呼ぶ。もし、Aa と Aa の間で子ができれば、子の遺伝子型は AA・Aa・aa の 3 パターンのいずれかとなる。つまり、父母から受け継いだ対立遺伝子[17] は、その生物個体みずからの生殖細胞がつくられるときに分離され（Aa なら A と a に分離する）、生殖細胞に 1：1 で分配される。これを「**分離の法則**」という。加えて、AA・Aa・aa の掛け合わせで出現頻度を数えてみると、優性の表現型と劣性の表現型の比率は、3：1 となる。つまり、各形質は他の形質に影響を与えることなしに、独立して遺伝する。これを「**独立の法則**」という。

　繰り返しとなるが、メンデルの法則における優性／劣性という日本語表記に優劣の意味はなく、まったくの無関係である。

5.　生命科学とは、生命科学技術とは

5-1.　生命科学と近接学問領域

　生命科学（Life science）と生物学（Biology）の違いは、なによりも研究対象の違いにある。生物学は、動物、植物、微生物などあらゆる生き物を対象とする学問である。それはこの地球で暮らす生き物についての知識と理論を積み重ねたもので、生物の構造や機能、進化や生態など広く研究される。これに対して、**生命科学**はおもにヒト、もしくは最終的にヒトの利益とする

ためのあらゆる生き物の生命現象を研究対象とする。生命科学は、1960 年代から 1970 年代以降に脚光を浴び始めた比較的新しい学問である。そこには、戦後の電子顕微鏡の普及が分子生物学を急速に進展させたことに伴って、いわば〈生命科学のツールとしての諸技術〉が、半ば場当たり的側面をもちながら開発されていったという経緯がある。本書でも扱う、細胞融合や遺伝子操作などの技術がそれである。

　こうした背景のもと、生物学が扱う意味内容や研究範囲も時代とともに変化し、現代では生物学と生命科学が同じ事物や事象を研究対象としていることは少なくない。また、生命科学が端的に生命を研究対象とすることから、学問体系としては物理科学（Physical science）と対をなすことになっているが、こんにちでは物理や化学の法則で生命現象を一定以上説明できることが分かっている。その意味で、生命科学と物理学も互いに接近しつつあるといえる。

　さらに、上述した生命科学のツールとしての諸技術は、当初畜産学や胎生学の領域で動物を対象に模索されていたものである。つまり、最初からヒトに適用することを目的としていたわけではない。しかし、動物でできることは同じ動物であるヒトにも技術的には適用可能なはずであり、生命科学のツールとしての諸技術は、次第に医学（人体に合法かつ医学的理由のもと介入できるのは医師だけ）と接点を持つようになっていく。こうした技術は、ヒト胎生学のほか、人工生殖を初めとする産科・婦人科学を皮切りに、医療での利用可能性が見出されるとともに、後の人体組織をめぐる再生医療や再生医学という領域を生み出す契機となっていった。あるいは、時代を少し遡って別の側面からみれば、生命科学自体の進展が 20 世紀初頭までの感染症研究のありようにも変化をもたらし、生物医学（Bio medicine）を誕生させた。典型例として、抗生物質の大量生産や、生体内に微量に含まれる化合物の発見・応用が医学・医療のあり方を変えた。また、薬品製造については、物質の化学反応に対する人為的介入を基盤とするものに変わった。

　一方、生命科学という学問をきわめて狭義に捉えれば、生体内すなわち細胞内で起こる現象を化学の視点で解き明かそうとする研究分野ということになる。生命科学では、生命体をつくるすべての物質は分子レベルにまで解体され、生命体が営むすべての現象は「分子の行う化学反応」として解析される[18]。他方で、生命科学が広義に捉えられることもある。たとえば、生命科

学（Life science）の「Life」は、生命や生命体だけを意味するわけではない。おもにヒトすなわち人間の生活や人生、生き方、生涯といった言葉であらわすような、人間のライフを広く包括するものとなりうる[19]。とくに日本では1960年代頃から「ライフサイエンス」なる語が外来語として用いられ始めたのだが、実態としては、科学的位置付けというより国策的色合いが強いものであった。物質的な豊かさに加えて、人間的な豊かさ（安全・健康・快適といった類）を提供するような科学技術が求められるようになり、折しも生命現象の研究が分子レベルで進展してきた諸科学分野を横目に、科学技術分野おいても生物および生命現象の関連や重要性が認識されるようになったからである。

　よって、日本語表記の「ライフサイエンス」の定義や範囲は実は明確なわけではなく、科学技術や国家や企業と絡めば絡むほど多義的になっていき、それはこんにちも、またグローバル諸国でも同様といえよう。人間に関する問題を扱うがために、とりわけ社会問題との接点が見出されていった経緯もある。たとえば松宮（1981）によれば、ライフサイエンスを「人間を含めた生物および生命過程の理解と、それに基づいた具体的な問題解決を行う」分野と独自に定義した場合、「社会的な問題解決」のための研究を行う機関にとってはきわめて好都合であったと指摘している[20]。その一方で、ライフサイエンスをめぐる政策的アジェンダそれ自体に問題を見出し、あらたな研究分野や近接学問領域を活性化させていく契機をも内包していたといえるだろう。生命科学研究のありようやその知見の解釈、テクノロジーを用いた生命科学研究のもたらす諸問題・社会的影響などを考える学問領域である。

5-2. 生命科学技術とバイオテクノロジー

　生命科学技術とは何なのか。実のところ、上述した〈生命科学のツールとしての諸技術〉とほぼ同義であるが、具体的な登場の仕方は以下のとおりである。すなわち、生命科学を研究するさいに使っていた諸技術が、〈生命を操作する技術〉へと移行することで立ち現れた。前者の技術とは生命現象を捉える・視る・知る・観察するために必要な基本的技術や実用手技とでもいうものであり、後者の技術すなわち**生命科学技術**とは、物理的に細胞内部環境に介入したり、工学的にパーツを出し入れしたりする試みや実践としての諸技術を意味する。いうまでもなく、生命科学技術なるものも、やはり最初

からあったわけではない。

　そして、今日の**バイオテクノロジー**[21] とは、長くなるが次のように説明できる。すなわち、これまでの生命科学の知見と、生命操作に向けた生命科学技術（それは断片的かつ個別的な技術の寄せ集めである）とを土台にして、〈生き物の生命現象の能力を人間社会で利用するための研究およびその知見を応用・実装するためのあらゆる技術〉が、バイオテクノロジーと総称されるといってよいだろう。それは農業や畜産や医療のほか、医薬品、食糧、エネルギー生成などで幅広く研究および応用されている。実際、現代にみるバイオテクノロジーは、1973 年に DNA の組換え技術が開発されて以降大きく飛躍したものである。とりわけ微生物のバクテリアに対しては、その細胞内に人間が「切り貼り」して作った新しい遺伝子配列を導入することで（バクテリアのプラスミドを活用）、人間のためのインスリンを製造させることが可能となった。人間外の生物との遺伝子組換えによって製造されたこの人間用インスリンは、1982 年、米国食品医薬品局（FDA）が認可した最初の現代バイオテクノロジー薬となった[22]。

　ところで、生命科学技術という日本語表記の仕方について触れておこう。すでにみてきたように、生命科学技術は最初からそれとして誕生したのではなかった。また、生命科学技術とバイオテクノロジーが同義ではないこともみた。いわゆるバイオテクノロジーと区別し生命科学分野に特化した技術をさす場合は、本来なら「生命科学・技術」と表記するのが妥当とみられている[23]。

　加えて、科学技術という日本語表記にも同様の注意が必要である。科学と技術を一体のものとして呼ぶことは、技術の側面だけを前景化させ、科学の基礎研究をないがしろにする傾向をもつ。その意味で、本来は「科学・技術」と表記されるのが望ましいだろう（しかし、そうした表記は稀になってきている）。ともあれ、科学そのものの原点に立ち戻れば、客観世界の成り立ちの基礎原理や法則を理論と実証によって見出す営みが科学のはずだ。池内（2003）は、その限りで考えるなら、科学とは人間の好奇心にのみ由来する営みであり、技術や社会との関係を考慮しない「科学のための科学」もありうると述べる。しかし同時に、いまや「科学のための科学」に閉じることは不可能になりつつあるとも述べる。実際、科学は技術と密接な関係にあり、両者の区別は難しくなっている。科学が「純粋科学」に留まってはいられな

かったのは、科学を基盤とする——技術基盤ではなく——産業革命があらたに起こされたことや、20世紀初頭の国策と結びついたことによる。とくに、科学研究と技術開発を組み合わせることが、世界各国の重要な国家プロジェクトになっていたからだ。

　科学と技術は区別しがたいが、それは両者を区別しなくてよい理由にはならず、場合によっては、両者は明確に区別できることもある。科学と称して、目先の経済的利益のために技術が先走りする傾向は見抜かれねばならない。もちろん、技術を先走りさせているのは人間である。

コラム1

動的平衡

　福岡（2007）によれば、生物には「動的平衡」という緩衝能がある。たとえば、生命現象を司るミクロなジグソーピースのひとつが欠落すれば、それに似たピースを作って補填する。生体内でなんらかの反応や信号が届かなければ、別の経路を開いて迂回する。そのために、生命現象には、あらかじめさまざまな重複と余剰が用意されている。生命はただの機械ではなく、生存に不利な状況があればなんとかして有利な状況となるようみずから調整し、それに適応していくための能力と柔軟性を発揮するのである。

コラム2

進化は網状

　ダーウィンには1837年以来、大切に所持していたノートがあった。進化について公に発表するまでの、彼の壮大な考えとスケッチを記録したものである。そこに記された「生命の樹」という表象は、地球上の多様な生命の近縁関係について、単純な概略図とともに理論化するものであった（長谷川 2020: 64; クォメン 2020: 21 にスケッチ掲載あり）。ダーウィンはこれを洗練させたうえで、『種の起源』で唯一の図版となるあらたな「生命の樹」を描いている（原典のほか、長谷川 2020: 38–39 に図版掲載あり）。それは進化と系統の分岐について

説明するものであり、変異を通して生物が分岐していくようすを示している。しかし、ダーウィンの進化論以来の生命観は、「生命の系統樹」として、単純に無数に枝分かれした樹としてイメージされてきてしまった。

　20 世紀半ばに分子生物学や分子系統学の黎明期を迎えて以降、進化論に対する単純なイメージを覆す大発見がさまざまな研究者によってなされていく。実は、「生命の系統樹」とは複雑に絡み合う樹である、というのが現代的生命観である。というのも、生物の遺伝情報は、細胞分裂や生殖を介した子の誕生といった**垂直伝播**のみで継承されるのではない。親子ではない個体間やまったく異なる種の個体間でも、遺伝情報は移動し取り込まれるのであり、これを**水平伝播**という。これらふたつの伝播様式が網状に絡み合いながら、遺伝情報は継承される。こうして生物の多様性が支えられている。

註

1)　古代ギリシャ哲学に萌芽をもち 17 世紀に誕生した「生気論」は、生物とは非生物の物質にはない資質を有していて、その生命現象は物理・化学の法則に還元できないとするものである。また、デカルトに端をなし 20 世紀前半まで主流となった「機械論」は、生命とはさまざまなパーツの集まりでできた精巧な機械だとみなすものである。生気論と機械論の論争は 300 年続き、20 世紀に入って、いずれも部分的に正しく部分的に誤っていることが明らかとなっている（岡田 2012; 米本 1978）。論争終結の契機は、19 世紀における生物学の誕生と「細胞説」の提唱による（第 2 章で扱う）。

　　なお、機械論では確かに生物を臓器や骨などのパーツで考えることができるが、たとえば臓器移植で「部品」を交換できたとしても、免疫機能などで生体が拒絶反応を起こすことがあり、非生物である機械と生物は同じとはいえない。また、生気論については、註 3) やコラム①で述べるような生物独自の働きがあることが後に明らかにされている。その一方、たとえば生物を構成する元素は非生物と同じであることや、生物の生命現象の大半は物理・化学の法則で説明しうることも分かっている（もちろんすべてではない）。生気論と機械論のいずれにもある部分的な正誤とは、こうしたことを意味する。

2)　米虫（2019）.

3)　20 世紀の生化学者**ルドルフ・シェーンハイマー**は、「生命は機械ではない、生命は流れである」と述べた。彼はマウスの栄養代謝実験により、摂取された食べ物はエネルギーとして利用されるだけではなく、体のあらゆる場所に細胞レベルで組み込まれていくことを明らかにした（食べ物はあらかじめ分子レベルで染色しておいた）。しかも、体重は不変のままに、生物は自分自身の体を食べ物の原子や分子と絶えず入れ替えしていることが分かった。つまり、自分自身の体の分解と合成を繰り返すことで、常に新しくある

ようバランスを保っているのだ。みずからを壊しながらみずからを調整・維持するこの様態を、シェーンハイマーは生命の〈動的な状態〉と捉えた。福岡（2007）はこの考えをさらに発展させて、「動的平衡」（コラム①参照）を提唱した。

4) 生化学反応とは、生きている細胞における生命維持と細胞増殖のための化学反応をいう。

5) いわゆる生命倫理学では、「生命の始まりはいつか」が熱心に議論されてきた。カトリック教会はこれを「受精の瞬間から」とする立場をとってきたが、あくまでも「人間の生命の始まり」はいつかに焦点をあてるものである。あたかも、卵子への精子の関与こそが生命を萌芽させると思わせる教理である。生物学からみれば、細胞である卵子や精子は、受精に先立ってすでに生命である。

6) 東京大学生命科学教科書出版会（2015: 13）.

7) 芦田（2011: 18）.

8) ビッグバンは本来、A）誕生直後の高温高密度の状態の宇宙を意味する。今日では、B）宇宙の膨張とともに広がりをもたらし、物質進化と天体形成を繰り広げて成長していくその描像全体をビッグバンと呼ぶことが多い（ビッグバン理論）。ただし、宇宙論研究者は厳密に A）を用いている。「ビッグバンで宇宙が誕生した」というより「宇宙は誕生直後にビッグバンの状態になった」という理解の方がより正確である。

9) 原始地球において、簡単な物質から複雑な化合物（あるいは無機物から有機物）がつくられ、原始生命体が誕生するまでの過程を化学進化という。生命の起源を化学物質の進化の帰結とみる考え方である。化学進化は生物進化と質的に異なる進化の過程をいう。

10) 諸説あるが、原始的な生物は、古細菌（原核生物）が最初であったとする説が有力である。

11) 『種の起源』はそのタイトルとは裏腹に、「種」を定義するというこだわりをやめ、「種」という概念を壊すところから思索を始めている（長谷川 2020: 35-36）。

12) 「生存競争と自然淘汰（自然選択）のなかで生物は徐々に変化していく」というダーウィンの考え方を「弱肉強食の論理」と誤って捉える人は極めて多い。生物界において、「強い」ことが「弱い」ことより生存に有利であるとは限らない。生き残れるのは、環境変化に運よく適応できた生物個体である。このほか、進化論を優生思想と結びつけたうえで、進化論は「差別を助長する論理」だと誤解する人もいる。なお、優生思想はダーウィンの進化論が導き出したものではない。詳しくは、長谷川（2020）や澤野（2022）を参照。

13) クォメン（2020）.

14) 洞窟に住むようになった魚やサンショウウオなどは、退化によって視覚や眼を失ったものがいる。これは単なる「損失」なのではなく、不要な器官に費やすエネルギーを他の生命活動に回すことで生存に有利になるという、「正の淘汰」も働いている（長谷川2021）。なお、洞窟に住む魚と明るい場所に住む魚とを比較すると、魚の安静時のエネルギー消費量の 15% は視覚のために使われていることが分かっている（Morber 2016）。ちなみに、ヒトであるわれわれの尾骨は尻尾が退化した痕跡である。尻尾には、泳いだりバランスをとったり、身を守ったりコミュニケーションをとったりするなど多くの便利さがある。なぜヒトでは尻尾が退化したのか、まだ明確になっていない。

15) 「優性」「劣性」という日本語（訳語）が、本来の遺伝学の意味から外れて「優れている

こと」「劣っていること」と誤解されることがきわめて多い。このため、たとえば日本遺伝学会は 2017 年以来、「優性」を「顕性」へ、「劣性」を「潜性」へと表記を改めることを決定した。「優性の法則」は「顕性の法則」と言い換えられることがある。

16) 東京大学生命科学教科書編集委員会（2015: 34）.

17) 父母から受け継いだ 1 本ずつの染色体が対になったものを「相同染色体」といい、互いによく似た遺伝子配列となっている。基本的には、対の染色体上の同じ位置には、同じ機能に関与する遺伝子がある。この同じ位置にあるよく似た配列をもつ遺伝子をそれぞれ「対立遺伝子」と呼んでいる。

18) 齋藤（2014: 7）.

19) 1960 年代当時、Life science は、カタカナのライフサイエンスのほか、生命科学、生活科学、生物科学などの訳語が用いられることもあった（松宮 1981）。

20) 松宮（1981: 535）.

21) 1919 年にハンガリーの科学者**カール・エルキ**が「バイオテクノロジー」という造語をすでに自身の論文で用いている。それは工業化された農業をさしていて、エルキの方法はビールなどの製品をつくる発酵を使うものであった。微生物による作用が化学的なものであることが分かってくると、エルキによるいわば元祖「バイオテクノロジー」という分野は、工業規模で利用する方向へ向かった（太田総監訳 2014: 606）。

22) 科学・技術・倫理百科事典翻訳編集委員会監訳（2012: 1757–1758）.

23) 林（2002: 14–15）に詳しい。

参考文献

芦田嘉之，2011『やさしいバイオテクノロジー カラー版：遺伝子の基礎知識から iPS 細胞の話題まで』ソフトバンククリエイティブ.

科学・技術・倫理百科事典翻訳編集委員会監訳，2012『科学・技術・倫理百科事典 4』丸善出版.

長谷川眞理子，2020『ダーウィン 種の起源——未来へ続く進化論（NHK 100 分 de 名著ブックス）』NHK 出版.

長谷川眞理子，2021「進化生物学の現在」『現代思想 進化論の現在——ポスト・ヒューマン時代の人類と地球の未来』青土社. 2021 年 10 月号: 8-12.

林真理，2002『操作される生命——科学的言説の政治学』NTT 出版.

池内了，2003『科学・技術と社会——科学・技術とどうつきあうべきか』放送大学教育振興会.

福岡伸一，2007『生物と無生物のあいだ』講談社.

福岡伸一，2020『最後の講義 完全版 どうして生命にそんなに価値があるのか』主婦の友社.

石浦章一監修・西村尚子著，2015『ヒトの遺伝子と細胞』技術評論社.［本章 2-1. の内容の詳細］

加古里子，1995『人間（かがくのほん）』福音館.［本章 2-1. の内容の詳細］（児童書）

米虫正巳，2019「『生命とは何か？』という問いに対して哲学が語ることのできる若干の事柄」

『哲学』70: 73-90.

松宮弘幸，1981「ライフサイエンスとバイオテクノロジー，最近の発展動向 ライフサイエンス編の発行に寄せて」『情報管理』24(6): 534-543.

Morber, J. [三枝小夜子訳]，2016「「退化」は進化の一環、新たな力を得た動物たち」ナショナルジオグラフィック web News．[本章3節の内容の詳細]
https://natgeo.nikkeibp.co.jp/atcl/news/16/101100383/（2024年11月30日最終閲覧）

Newton別冊，2022『学びなおし 中学・高校の生物』ニュートンプレス.

太田次郎総監訳，2014『現代科学史大百科辞典』朝倉書店.

岡田安弘，2012「現代生命科学の発展と西田の生命論」『日本哲学史研究』9: 75-101.

デイヴィッド・クォメン [的場知之訳]，2020『生命の〈系統樹〉はからみあう──ゲノムに刻まれたまったく新しい進化史』作品社．[コラム②の内容の詳細]

齋藤勝裕，2014『ニュースがよくわかる生命科学入門』ディスカヴァー・トゥエンティワン.

更科功，2019『進化論はいかに進化したか』新潮社.

東京大学生命科学教科書編集委員会，2015『現代生命科学』羊土社．[本章4節の内容の詳細]

米本昌平，1978「生気論とは何だったか──知的衝撃としてのH. Driesch──」『科学基礎論研究』13(4): 163-169.

読書案内

金森修，1994『フランス科学認識論の系譜』勁草書房.

クリストファー・ロイド [野中香方子訳]，2023『138億年のものがたり──宇宙と地球でこれまでに起きたこと全史』文藝春秋.

廣野喜幸・市野川容孝・林真理編，2002『生命科学の近現代史』勁草書房.

カール・ジンマー [斉藤隆央訳]，2023『「生きている」とはどういうことか──生命の境界領域に挑む科学者たち』白揚社.

リン・マーギュリス [中村桂子訳]，2000『共生生命体の30億年』草想社.

本川達雄，2019『生きものとは何か』筑摩書房.

澤野雅樹，2022『科学と国家と大量虐殺 生物学編』言視舎.

須藤靖，2018『この空のかなた』亜紀書房.

エルヴィン・シュレーディンガー [岡小天・鎮目恭夫訳]，2018『生命とは何か──物理的にみた生細胞』岩波書店.（20世紀科学の古典）

第2章

生き物の証、細胞があるということ

本章では、生物の仕組みや生きざまをめぐる〈学〉について、基本中の基本をまず押さえておきたい。そして、生物の不思議や可変性の源に注目してみよう。そのうえで、生物や細胞が有しているみずからで増える仕組みや、その司令塔のありかをクローズアップしていこう。前章に続き、ミクロな生物学の基礎を辿っていくが、生命科学の基礎を理解するのに不可欠なので忍耐強く取り組んでいこう。次章からは少しずつ、本格的かつ具体的な内容に入ることになるだろう。

1. 細胞という基本単位

すべての生物は、**細胞**という基本単位からできている。前章でみたように、はるか昔、細胞は海の中で誕生した。原始の海に漂っていた無機質や有機物が、カプセルのような膜に包まれて細胞の始まりとなった。どんな細胞も遺伝子をもっていて、みずからの細胞内で遺伝子を保存（格納）している。この細胞内保存の仕方に、核を使うものと使わないものとがある。いずれの仕方をとるかは、進化に基づく生き物の3大分類によってはっきりしている（図1）。

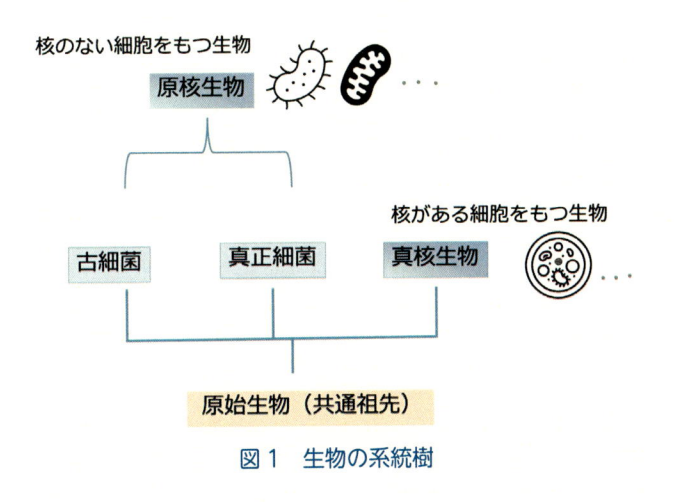

図1 生物の系統樹

生き物は、**真核生物、古細菌、真正細菌**（真性と字を間違えない）の 3 つに大きく分けられる。全生物界を 3 分するこれらの生物は、太古に存在していた共通の祖先からそれぞれに分岐し、進化していったと考えられている（[コラム① ウイルスは生物といえるか] 参照）。より大きなくくりとしては、これらを**原核生物**と**真核生物**の 2 つに分類することができる。核のある細胞をもつ真核生物に対し、古細菌（アーキア）と真正細菌はどちらも核のない細胞をもっており、原核生物と呼ばれる。以下に、これらの細胞の構造をみていこう（図2）。

　原核生物とは**原核細胞**であり、かつ単細胞生物に限られる。核も核膜ももたないので、遺伝子は、ポリヌクレオチド（本章 3 節でみるヌクレオチドが連なった構造）やプラスミドとしてむきだしのまま細胞内に存在している。原核細胞と呼ばれるのは、このように核という細胞内小器官をもたないことに由来する。大腸菌、乳酸菌、納豆菌など多く存在しており、もちろん、これら原核生物も細胞分裂によって増殖する。他方、進化の過程を辿れば、かつて古細菌の一部には、真正細菌を取り込んで共生するとともに、遺伝子を膜で隔てるものが現れた。これが多細胞生物の始まりであり、1967 年にアメリカの生物学者**リン・マーギュリスが提唱した**、細胞内共生説が有名である（[コラム② 細胞内共生] 参照）。こうした生物は、原核生物から真核生物に進化した最初の生物である。

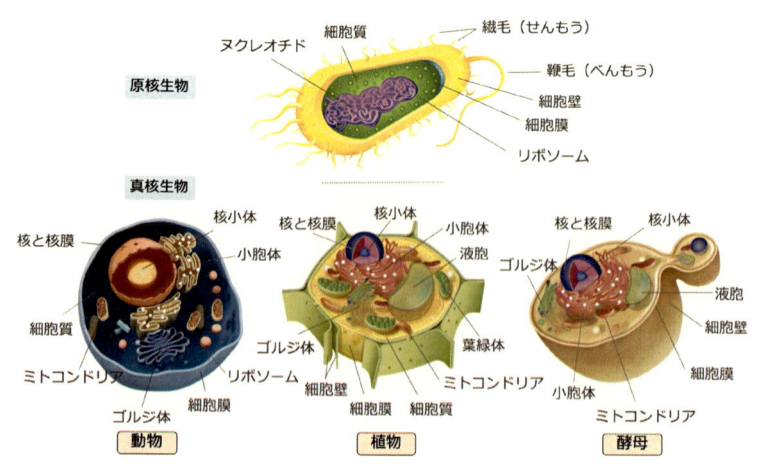

図2　原核生物と真核生物の細胞構造

　真核生物とは**真核細胞**であり、多細胞生物、単細胞生物のいずれも存在する。真核細胞は、遺伝子を核膜で包み込んだ核をもつ細胞である。細胞分裂のときには核が変化し、染色体が現れる。細胞内には、小胞体やミトコンドリアなどさまざまな細胞内小器官が発達している。多くの動物（われわれは動物である）のほか、植物、真菌類（キノコ、カビ、酵母）などは、この真核細胞でできている。植物細胞と酵母は、細胞膜の外側にさらに細胞壁をもっている。

　なお、この節で述べた細胞分裂とはすべて体細胞分裂である。

2.　細胞の機能

　細胞の担う役割には、**増殖（自己複製）**、**分化**、**代謝**がある。増殖しないものは生物ではないといわれるように、細胞の重要な働きのひとつが自己複製および分裂である。細胞は増殖のたびに、自分とまったく同じ遺伝情報をコピーして新しい細胞を生み出しているのである。そして、自己複製するだけではなく、皮膚、心臓、脳、骨、神経などさまざまな組織や器官になる細胞へと変化していく。これを分化という。さらに、細胞は内外の環境に応じながら、エネルギーを生産したり不要なものを分解したりする。これを代謝という。

　細胞はこうして日々入れ替わっている。1 日で考えると、およそ 1 兆個の細胞が死んで、同じくらいの数の細胞があらたに生まれるといわれている。なお、ヒトの体の細胞は、**約 37〜38 兆個**あると考えられている（かつては 60 兆個といわれていた）。わたしたちの体のすべての細胞は、自分が受精卵であったときのただ一つの細胞が自己複製と分裂をくりかえしてできたものである。

　ところで、細胞にはそれぞれ寿命がある。1961 年、アメリカの生物学者**レオナルド・ヘイフリック**がこのことを発見した。細胞培養において知り得たのは、ある回数以上分裂した細胞はそれ以上分裂できないことである。この発見により、細胞というものはすべて無限に分裂できるとするかつての説はくつがえされた。なお、ヒトの細胞は **200 種類**ほどあるが、その寿命は細胞の種類ごとに違っている。腸の粘膜の細胞は 2〜3 日で入れ替わるが、皮膚の細胞は 4〜6 週間、赤血球の細胞は 4 ヶ月、骨の内部にある細胞は

5ヶ月を要する。神経細胞だけは入れ替わることなく、ヒト個体の寿命と同じ期間を生きる。ちなみに、ヒトの細胞で最も大きいのは**卵細胞**で120 µm（0.12 mm）、最も小さいのは精子で2.5 µm（0.0025 mm）ある。

3. 核とDNA

　生物の遺伝情報を司るのが、細胞の中にある核である。核は細胞の司令塔でもある。その核の中には**DNA**（デオキシリボ核酸）があり、これに遺伝子を搭載する（遺伝子が書き込まれる）。DNA は遺伝子の本体という言い方もされるように、<u>DNA とは物質である</u>。これに対し、<u>遺伝子とは情報であって物質ではない</u>。

　DNA の構成単位は**ヌクレオチド**であり、リン酸、糖、塩基からなる複合体をワンセットにしている。それが鎖状につながり、かつその鎖が 2 本寄り合い（2 本鎖）、全体でらせん状になっている（**図3**）。これを DNA の**二重らせん構造**という。より詳しくは、リン酸と糖からなる紐状の分子に、塩基のはしご（踏桟状の横棒）がかかった格好である。なお、DNA の二重らせん構造については、1953 年に**ジェームズ・ワトソン**（分子生物学者）と**フランシス・クリック**（生物学者）が発表しているが、これを最初に発見し

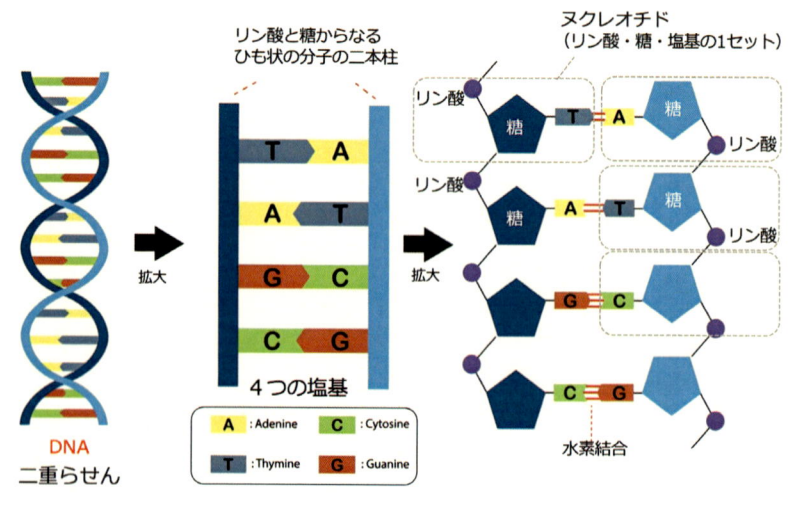

図3　DNA の構造

X線写真を撮影したのは**ロザリンド・フランクリン**（物理化学者、結晶学者）であった。

　ヒトについて、細胞ひとつあたりのDNAを合計してみるとその長さは2mにも及ぶ。DNAの鎖を構成する塩基は、アデニン（A）、グアニン（G）、チミン（T）、シトシン（C）の4種類ある。この塩基どうしが結合して対になることで、DNAの2本鎖を維持している。具体的には、**AはTとだけ**、**GはCとだけ**対になり、水素結合によってつながっている。この塩基の対は、ヒトの細胞ひとつあたり**30億対**に及ぶ。なお、DNAは父母由来の2セットあるので、塩基対の総計は60億対ということになる。この塩基の並び方（DNAにおける**塩基配列**）が遺伝情報である。

4.　染色体

　合計すると2mにもなるDNAの二重らせんは、そのまま長い紐になっているわけではなく、何本かに分断されかつ圧縮されている。これが**染色体**である。先述のとおりDNAは細胞の核の中にあるのだが、より精確には、核の中の染色体という「容れ物」の中に収まっている。つまり入れ子式になっていて、細胞内の核が染色体の「容器」であり、その染色体がDNAの「容器」なのである（図4）。DNAないし染色体は、遺伝子という情報を記

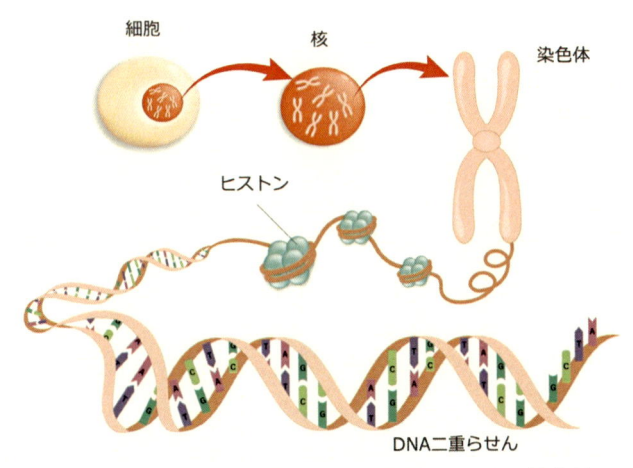

細胞　　　核　　　染色体

ヒストン

DNA二重らせん

図4　容れ物（記録媒体）としてのDNAないし染色体

録するための媒体である。なお、染色体は、厳密には細胞分裂のさいに核分裂するわずかなときだけ縄状に凝縮して姿を現す。その姿が分かるのは観察時に色素で染めておいたからであり、染色体（chromosome）という名の由来もそこからくる。

　染色体の本数は生物種によってそれぞれ異なる。ヒトの場合は一般に 46 本あり、23 本ずつを母方（卵子）と父方（精子）から受け継いでいるので、23 対 46 本ということになる。この 23 対のうち **22 対**は**常染色体**と呼ばれ、1 番染色体から 22 番染色体というように、形態的に大きいものから並べて番号が振られている（図 5）。加えて、父母方で相い同じ大きさの染色体同士が対になったものを、それぞれ相同染色体という。なお、常染色体において母方と父方とで同じ位置で対となる、塩基配列が少し異なる 2 つの遺伝子を**対立遺伝子**という。残る **1 対**は**性染色体**または 23 番染色体と呼ばれ、生物の性を決定している。性染色体には X 染色体と Y 染色体があり（ちなみに、Y 染色体は 46 本中で一番小さい）、一般には、女性は X 染色体を 2 本もち、男性は X 染色体と Y 染色体を 1 本ずつもっている。ただし、どの生物においても染色体にはバリエーションがあり、ヒトにおいても必ずしも 23 本とは限らないし、性染色体の組み合わせも必ずしも XX と XY の二つだけではない。生物はさほど規格化されていないということの一例であり、生物の多様性・進化・生き延びへのひとつの重要な点であることを押さえておきたい。

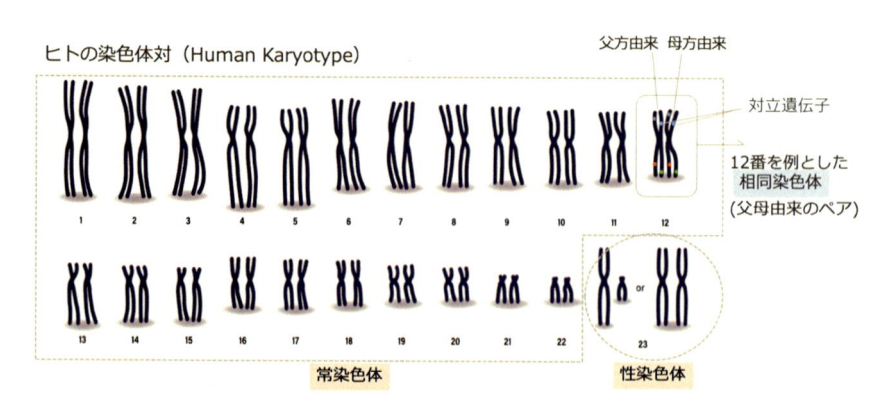

図 5　相同染色体という単位

5. 遺伝子

　ここでようやく、遺伝子である。細胞の生命活動に必要な情報はすべて、DNA に書き込まれている。そこに書き込まれた情報のほとんどは、タンパク質に変換される。タンパク質とは、20 種類におよぶアミノ酸が結合してつくられたものである。このアミノ酸の並びを決定しているのが、さきほどみた DNA における塩基配列（A・T・G・C）である。この配列の部分に遺伝情報が書き込まれていて、この情報を遺伝子と呼んでいるのである（図3）。

　ヒトでは、合計すると 2 m にもなる DNA のうち、遺伝子に相当する部分はわずか 2〜3% のみであることが分かっている。DNA には、遺伝子の働きを助ける部分や、まだどんな働きをしているか分かっていない部分のほうが多いのだ。よって、DNA における塩基配列にはタンパク質の配列を指定する機能領域だけではなく、遺伝子の発現の時期や量を調整する機能領域も含まれている。これらについては、DNA 配列すなわち DNA における塩基の並び方の解読に伴って明らかにされつつある。

　DNA 全体のすべての遺伝情報を、**ゲノム**（genome）と呼ぶ。ゲノムとは遺伝子の gene と染色体の chromosome を合わせた造語であるが、実際に、染色体＋遺伝子の部分＋それ以外の有機分子を含むすべての情報のセットを意味する。ヒトの遺伝情報セットがヒトゲノム（human genome）であり、犬の遺伝情報セットはイヌゲノム（canine genome）である。ちなみに、「ヒトゲノム計画」とは、1990 年に始まり 2003 年に完了したアメリカ政府主導の国際プロジェクトである。ヒト細胞の核内における DNA の全塩基配列を解読したもので、染色体のレベルでどこにどんな遺伝子（情報）が並んでいるかを明らかにした。これ以降、ヒトゲノムの総塩基数は約 **30 億対**、遺伝子の数（アミノ酸の情報）は約 **2 万個**であることが分かっている。

　ところで、遺伝子決定論には要注意である。「遺伝子がすべてを最初に決定し、それが生き物のすべてだ」ということではない（[コラム③　エピジェネティクス] 参照）。遺伝子そのものも、生物自身も、テクノロジーにかかわりなく変化するのである。こうしたことも、生物というものの不思議と面白さの一側面である。ただし、有性生殖をおこなう哺乳類で不可欠なインプリンティングにより、母方または父方のいずれかの染色体でしか働かないよ

う刷り込まれた遺伝子は存在する（[コラム④ ゲノムインプリンティング]
参照）。

6. 細胞の増え方

6-1. 体細胞と生殖細胞

　後の章で扱っていくが、テクノロジーを用いて細胞を人為的に増やすこと
は可能である。しかしここでは、生物自身が有している、生きて増えるため
の仕組みすなわち**細胞分裂**をみていこう。多細胞生物の多くは、卵細胞（脊
椎動物の卵細胞は卵子という）と精子を受精させて子孫を残す。この卵細胞
と精子を**生殖細胞**という。

　生殖細胞以外の細胞を**体細胞**といい、受精卵[1]がつくられて以降の個体の
形成や維持に機能する。体細胞は皮膚、血液、肝臓、腸管上皮など、それぞ
れを専属に担当している（担当はあらかじめ決まっている。これを分化とい
う（詳しくは第3章でみていく）。生殖細胞はみずからを有している個体（卵
子や精子の保有者）のために働くことなく、生殖による遺伝情報の伝達先と
なる次世代の個体において機能する。次世代とは、両親から23本ずつの染
色体を引き継いでつくられている。これに対し、体細胞はそれを有している
個体一代限りにおいて機能する。

6-2. 体細胞分裂と減数分裂

　細胞分裂の仕方は、体細胞と生殖細胞でそれぞれ異なっている（図6）。

　体細胞は**体細胞分裂**（**有糸分裂ともいう**）を行う。分裂する元の細胞を親
細胞、分裂してできた細胞を娘細胞と呼んでいる。元の細胞はみずからを丸
ごと複製して分裂しているので、まったく同じ遺伝情報を新しい細胞に分配
することになる。このとき、体細胞は自身の DNA も**自己複製**して分配して
いるので、親細胞と娘細胞とで染色体の数も変わらない。体細胞はこうして、
個体のからだを維持するために（より精確には担当している組織や臓器を維
持するために）、絶えず新しい細胞をつくり出している。

　他方で、生殖細胞は**減数分裂**をおこなう。生殖細胞は将来合体して受精卵
をつくるからである。生殖細胞が受精したとき、母方と父方の遺伝情報シ
リーズそれぞれ1セットずつ（ヒトなら染色体23本を1セット×遺伝的父

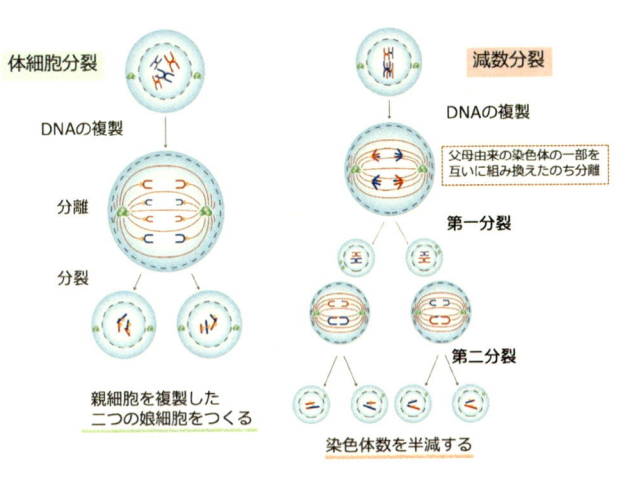

図 6　体細胞分裂と減数分裂

母）を携えた、一個体の萌芽が始まっている。そのためには、生殖細胞は前もって自身の遺伝情報を半減しておく必要がある。これが減数分裂の仕組みであり、**有性生殖**を行うすべての生物にその仕組みが保存されている。この半減する仕組みがないと、子の染色体は親の 2 倍、孫の染色体は 4 倍ということになり、生物種として一定の染色体数を保つことが困難となる。

　この減数分裂はまさに、あなたのオリジナルな卵子や精子が自身の体内でつくられているときに起こっている。生殖細胞の減数分裂とは、最初にDNA を自己複製したのち、段階的に 2 回にわたって細胞分裂する仕組みになっている。1 回目の分裂の前にきわめて重要な働きをしていて、あなたの母方と父方の染色体で同じ番号どうしが寄り合ったのち、それぞれの番号ごとの全ペア間でランダムに（法則なしで偶然に）、染色体の一部が**組換え**られている。これに続く 2 回目の分裂で、いよいよ染色体数が半減する。

　減数分裂の意味・価値は、生殖細胞がもつ母方・父方由来の遺伝情報をランダムにシャッフルし、かつランダムに「つぎはぎ」[2] することにあり、これによって生殖細胞自体の多様性が生じる。ヒトでみるなら少なくとも、2（父母由来の染色体ペア）の 23 乗（23 本の染色体）=**約 840 万通りの遺伝的組み合わせ**[3] で、オリジナルな卵子または精子をつくることができる。さらに、「つぎはぎ」によって遺伝的組み合わせは無限大となる。あなたの自身の体のなかで、あなた自身のオリジナルな生殖細胞はこうしてつくられている。

さらに、このような多様性のある生殖細胞どうしが受精することで、あなたの子は、少なくとも **840万分の1（卵子）＋840万分の1（精子）の唯一の組み合わせ**の結果として誕生する。あなたもこうして生まれてきたのだ。両親を同じとする兄弟姉妹でもそれぞれがまったく異なっているのは、このように生殖細胞自体が遺伝的組換えをおこなっているからである。生物における有性生殖の性（雌雄）とは、遺伝情報を混ぜ合わせたうえで組換えるために「発明」されたとみることができる。とはいえ、こうした生物における有性生殖を一概に過大評価する必要はない。進化という大きな観点からみれば、必ずしも雌雄のペアでなくともよいからだ（［コラム⑤ 有性生殖の過大評価と淡水魚アマゾンモリー］参照）。

ところで、現代社会で日常的に乱用されている「多様性」という言葉であるが、現実は「多数派に少数派が混ざってなんとなくいい感じ」にみえるよう演出している印象——しかもマジョリティによる差配であることが多い————を否めない。その意味で本来の多様性とはほど遠いといえよう。多様性を作為的につくらねばならないとする状態とは、それに先立ちすでに作為していたことの帰結にすぎないという視点が抜け落ちている。多様性とは作為的につくるものではなく、偶然性に基づくものであることを、減数分裂の機序から学んでみることはできる。

コラム1

ウイルスは生物か

ウイルスは、みずからの遺伝情報をタンパク質の殻（から）に入れただけのものである。また、自分だけで分裂して増殖することをしない。細胞でもなく自己分裂もしないウイルスは、この意味で生物には分類されない。ならば、ウイルスはどう増えるのか。まず、ウイルスは他の生物の細胞に寄生してその中に自分の遺伝情報を放つ。次に、その宿主の細胞のタンパク質を使って、ウイルス自身のコピーをつくる。ウイルスはこれを宿主の細胞の外にどんどん放出することで増殖するのである。一連の流れは、感染経路を介して進行する。ウイルスは宿主細胞ごとに新しいウイルスを生み出し、きわめて早いスピードで常に進化している。ウイルス感染症対策が難しいのはこのためである。なお、ウイルス

は細胞とは異なる特徴を複数もち、とくに自己分裂はできないのだが、自己の遺伝情報をコピーする点だけは細胞と共通する。このことから、ウイルスを生物または生命と考えない理由はないのではないか、と考える進化生物学者もいる[4]。

コラム2

細胞内共生

　今からおよそ 24 億年前、あまたある微生物のうち、異なる 2 種の単細胞生物の間で変化が起こった。一方が他方の細胞内に棲みつき、共生を始めたのだ。一方は他方に食べられたわけなのだが、消化されずにそのまま生き残った。しかも、自分を食べた側の細胞のためにエネルギーを生み出したり、光合成をおこなったりした。食われた側の細胞はただ食われただけでなく、外敵から身を守るというメリットがあった。リン・マーギュリスによって提唱された、細胞内共生という現象である。実は、この太古の現象の痕跡がミトコンドリアなのである。ミトコンドリアは生き物の細胞のなかにあり、それはもちろんわたしたちの細胞にもみることができる。そして、細胞内共生とは多細胞生物の起源でもある。単細胞生物から多細胞生物への進化は共生から始まった。ここから、カビ、植物、動物が長い時間をかけて分岐してきたのだ。わたしたち多細胞生物の祖先を辿れば、太古に細胞内共生したひとつの細胞に行き着くのである。

コラム3

エピジェネティクス

　エピジェネティック／エピジェネティクス（後成学）というものがある。エピジェネティックな変化とは、DNA の塩基配列は変化しないが、遺伝子が書き込まれる本体すなわち DNA の性質が半恒久的に変化することをいう。これを探究する学問がエピジェネティクスである。具体的には、DNA を物理的にも機能的にもカバーしているさまざまな有機分子が、ある遺伝子にだけ付着し続けるということが起こる。それは長期のこともあれば、生涯通じての場合もある。DNA に記録された遺伝情報がその後のすべてを決定的に定めているのではな

く、後天的かつランダムに、遺伝子の働きに変化が引き起こされるのだ。エピジェネティックな変化とは、端的には、遺伝子と有機分子（メチル基）の付着・離脱が関与している。これは誰にも起こりうる。そして、これはいわゆる突然変異（染色体や遺伝子の）とも別の現象である。エピジェネティックな変化はまた、食べ物、環境、生活習慣、ストレスなどがこれを誘引することもある。なお、こうしたエピジェネティックな変化の分かりやすい例として、DNA がそっくり同じとされる一卵性双生児が、互いに異なる個性や能力や健康状態であることがよく引き合いに出される。

コラム 4

ゲノムインプリンティング

ヒトのゲノムでは、22 本分の相同染色体（常染色体）がある。それぞれ母方由来・父方由来で同じ位置で対となる 2 つの遺伝子（対立遺伝子）は、原則としてペアで同じように働く。ところが 1984 年、哺乳類のゲノムには、インプリンティングと呼ばれる現象があることが発見された。インプリンティングとは、両親から 1 本ずつ継承した 2 本の染色体上の対立遺伝子のうち、組織によって母方か父方のいずれかの遺伝子しか働く／働かないよう、あらかじめ刷り込みがなされていることである[5]。実際、1991 年には、父方由来の染色体でしか働かない遺伝子（PEG）と、母方由来の染色体でしか働かない遺伝子（MEG）がそれぞれ同定された。これらはインプリンティング遺伝子と呼ばれ、この遺伝子の働きによって起きるさまざまな現象をゲノムインプリンティングという。これはヒト含めた哺乳類の生殖において、必要不可欠な現象である。

コラム 5

有性生殖の過大評価と淡水魚アマゾンモリー

アマゾンモリーという魚は、系統的に遠縁の有性生殖種であるのにもかかわらず雌だけである。全個体で古代起源のゲノムがほとんど崩壊していないばかりか、もう使用していない遺伝子——雄の発生、精子形成、減数分裂にそれぞ

れ有用な遺伝子——も保持している。雑種であることが、遺伝的多様性の起点となっていると考えられている。具体的には、一方向的に DNA 導入ができる——有性生殖の減数分裂における DNA 組換え機序を、雌単独で代替できる——と考えられており、生存環境の変化に対する適応能力がきわめて高いことが分かっている[6]。

註

1) 受精卵は体細胞分裂であり、とくに受精初期の細胞分裂を卵割という。いずれも、減数分裂と混同しないこと。
2) ニュートンムック（2022: 72-73）.
3) 西沢（2008: 24）.
4) ニュートンムック（2022: 40）.
5) 石井（2003）.
6) Warren et al.（2018）参照.

参考文献

粥川準二，2003『クローン人間』光文社.

石井史敏，2003「ゲノムインプリンティング——世代に刻み込まれる時」『季刊 生命誌』38. JT 生命誌研究館，Web ジャーナル.
　https://www.brh.co.jp/publication/journal/038/research_11（2024 年 2 月 15 日閲覧）［本章コラム④の内容の詳細］

石浦章一監修・西村尚子著，2015『ヒトの遺伝子と細胞』技術評論社.（初学者向け）

中村桂子，2018「中村桂子のちょっと一言　ゲノムは設計図でもレシピでもない」JT 生命誌研究館，web エッセイ.
　https://www.brh.co.jp/salon/hitokoto/2018/post_000023.php（2024 年 2 月 15 日閲覧）

西沢いづみ，2013『生物と生命倫理の基本ノート——「いのち」への問いかけ 改訂 2 版』金芳堂.（初学者向け）

ニュートンムック，2022『Newton 別冊 学びなおしの中学・高校の生物』ニュートンプレス.

東京大学生命科学教科書編集委員会，2015『現代生命科学』羊土社.

牛木辰男，2021『ずかん ヒトの細胞』技術評論社.（初学者向け）

Warren, C.-W., R. Garcia-Pérez, S. Xu et al., 2018, "Clonal polymorphism and high heterozygosity in the celibate genome of the Amazon molly," *Nature Ecology & Evolution.* 2(April): 669-679.

読書案内

リチャード・C・フランシス［野中香方子訳］，2011『エピジェネティクス——操られる遺伝子』ダイヤモンド社.

ブレンダ・マドックス［福岡伸一監訳・鹿田昌美訳］，2005『ダークレディと呼ばれて——二重らせん発見とロザリンド・フランクリンの真実』化学同人.

リン・マーギュリス［中村桂子訳］，2000『共生生命体の30億年』草思社.

シッダールタ・ムカジー［田中文訳］，2024『細胞——生命と医療の本質を探る［上］』早川書房.

シッダールタ・ムカジー［田中文訳］，2024『細胞——生命と医療の本質を探る［下］』早川書房.

第3章

ヒトの受精および発生初期の探究、生殖補助技術の登場

前章まで、生物学の基本中の基本をおさえてきた。生物や細胞のみずからで増える仕組みが明らかにされたのは、もとを辿れば発見者や研究者らの飽くなき観察による。しかし人間は、生物自身の有している仕組みをただ観る・視るだけに留まっていられなかった。生物や細胞に物理的かつ人為的に介入しようとしていく。なかでも生殖細胞は、観察と介入においていち早くターゲットになっていった。

本章では、「生殖補助技術」というものが登場してくるまでの前史的概要を踏まえておこう。まずは発生初期の生物学をおさらいしたうえで（高校生物）、そもそもこれらの知見を得るのに不可欠であった、ある機器開発の歴史を概観してみよう。それは、生殖補助技術というものの誕生とどのような接点をもつのだろうか。

1. 発生の初期、その仕組みとプロセス

発生とは一般に、多細胞生物の受精卵（これ自体がひとつの細胞である）が細胞分裂を繰り返すことで進行していく（図1）。細胞分裂を始めた受精卵を**胚**という。ある段階から徐々に組織や器官のもとを形成し始め、最終的にひとつの生物個体（成体）をつくりあげていく。この一連の過程を発生という。ヒトを含めた動物の受精卵の細胞分裂を**卵割**といい、2分割卵から8分割卵までを一般に初期胚いう。

卵割が進むと、胚の内部は、これまで分裂してきた細胞の集団で満杯になる。このときの胚を**桑実胚**と呼ぶ。やがて、胚の内部で細胞がかたまり（**内部細胞塊**）をつくって大移動し、これに伴って胚の内部に広い隙間ができる。このときの胚を**胞胚**と呼び、とくに哺乳類の胞胚を**胚盤胞**という。このあたりまで、受精から5〜6日程を経ている。胚盤胞は上皮組織である栄養膜に覆われており、内部の細胞塊は体をつくるもとになっている。

胚盤胞の時期を過ぎると、いよいよ体をつくる作業が始まる（図2）。まず、内部細胞塊が二層の細胞層（原始外胚葉と原始内胚葉）からなる**胚盤**を

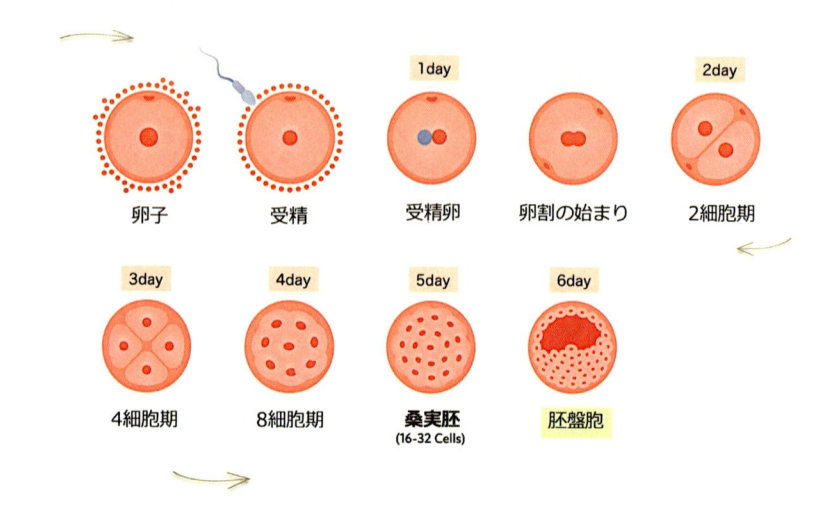

図 1　発生初期、受精卵の変化

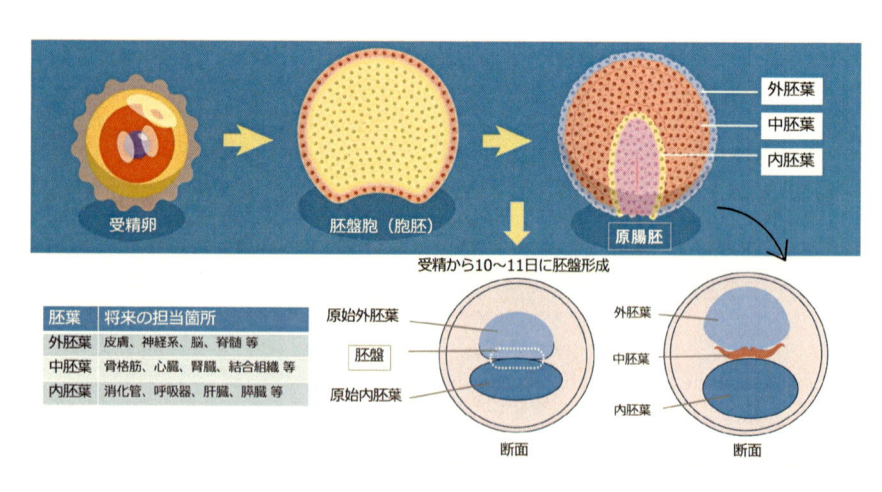

図 2　発生初期、三胚葉形成

　形成する。原始内胚葉がつくるのは細胞がめり込んでつくられた空洞で、将来消化管になるため**原腸**と呼ばれる（胚の外側がめりこんで内側になる：あなたの腸管はかつて胚の外側を構成していた）。このあたりまで、受精から10日程を経ている。次に、この二層間にさらに細胞が入り込んで、三層の細胞層を形成する。この三層は**三胚葉**と呼ばれるように、**外胚葉、中胚葉、**

内胚葉に分かれている。この時期の胚を**原腸胚**という。三胚葉はこのときすでに、体のどの組織や器官になるかが運命付けられている。外胚葉は皮膚、脳、神経系、感覚器などに、中胚葉は骨、筋肉、心臓、腎臓などに、そして内胚葉は呼吸器、消化管、肝臓などに変化していく。三胚葉の仕組みは多くの動物で共通している。

　ちなみに、生物個体としての上下も左右もない球体である胚が原腸をつくることで、口から肛門すなわち「上」と「下」（あるいは「前」と「後ろ」）ができてくる。これに続いて神経管をつくり脊髄の原型が立ち現れることで、右半身と左半身すなわち「右」と「左」ができてくる。とくに神経管が形成されるときに現れ、顕微鏡下で観察可能でもある線を**原始線条**と呼んでいる。原始線条の出現をもって、〈胚〉と〈胚を超えた存在〉を区別する指標としている[1]。

　こうして、胚を構成するそれぞれの細胞が体の特定の担当箇所を割り振られ機能していくことを、**分化**（細胞分化）という。ここまでの一連の仕組みを把握しておくことは、後の章や本書続編でみていく ES 細胞や iPS 細胞を理解するのに極めて重要である。なお、分化の引き金は、細胞内外のタンパク質などによる信号である（[コラム① ヒト胎児の生殖器は女がデフォルト] 参照）。細胞がすじ道どおりの分化を遂げていく仕組みには、遺伝的にプログラミングされた**アポトーシス**（細胞の自死）という働きも含む。たとえば、手や足（手首や足首以下の部分）はまずひとつの塊としてそれぞれ形成されるのだが、後に指と指の間の細胞が死ぬことによって、指そのものが彫り出されてくる。ヒトでは受精からおよそ 8 週頃までに主要な臓器と組織が形づくられ、9 週頃には手足もできて、胎児と呼ばれるようになる。ヒトの場合は一般に、受精後 8 週までを胚と呼び、受精後 9 週以降から誕生前までを胎児と呼ぶ。

2.　ある機器開発から、細胞学や生命科学の基礎の発見へ

　オランダは、17 世紀イタリアに端を発する「科学革命」を深化させ、かつそれを世に広めるのに重要な役割を果たした。科学機器のなかでも、とくに**顕微鏡**の精巧化にオランダの科学者たちが活躍した。顕微鏡の最初の発明者については諸説あるが、一般には 16 世後半、オランダの眼鏡屋のヤンセ

ン父子によるものとされる。当時は虫眼鏡の立体構造版のようなものであった。眼鏡屋の趣味が高じたちょっと面白い玩具のような位置付けとはいえ、昆虫の眼などが詳細に観察できた。なお、欧州では同時期、解剖学がすでに開花し始めていた。

17世紀後半になると顕微鏡下での科学研究が隆盛していき、昆虫や生物の解剖観察のほか、両生類の毛細血管や血球の発見がなされた。その後、**ロバート・フック**（イギリスの物理学者）や、**アントニー・ファン・レーウェンフック**（オランダの呉服商人）が、それぞれ高度に改良した顕微鏡を生み出した（図3, 図4）。フックは『*Micrographia* ミクログラフィア』（1665年）という図版出版で、レーウェンフックは微生物学の開拓と細菌の発見（1676年）や**精子**（1677年）の発見などで著名である。レーウェンフックの顕微鏡は単式レンズだったのだが、複式レンズより極めて性能がよく、現代生物学の基礎を築くのに機能した。なにしろ、ダーウィンを初めとする生物学者たちが、こぞってこの器具を必要としていたほどである。その後100年以上にわたって、レーウェンフックの顕微鏡より優れた性能をもつものは出現しなかったので、生物学についての19世紀の重要な仕事はすべて、彼の単式レンズ顕微鏡によることになる。たとえば、**カール・エルンスト・フォン・ベーア**（ドイツの発生学者）による哺乳類の**卵子**発見、**ロバート・ブラウン**（イギリスの植物学者）による細胞核の発見などである。

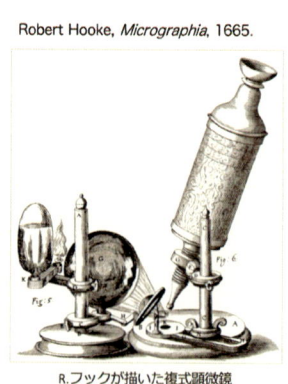
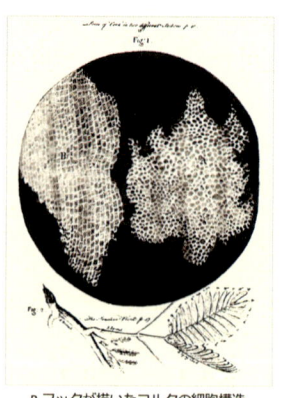

R.フックが描いた複式顕微鏡　　　　R.フックが描いたコルクの細胞構造

図3　ロバート・フックの複式顕微鏡

日本顕微鏡工業会所蔵レプリカ（同会より画像提供）　　　　　　レプリカ

図 4　アントニー・ファン・レーウェンフックの単式顕微鏡

右画像は「https://ja.wikipedia.org/wiki/ アントニ・ファン・レーウェンフック」より
パブリックドメインとして転載

　これ以降もさまざまな研究者によって数々の発見がなされていくが、19
世紀における細菌学の成立、**細胞説**の確立、生殖細胞概念の確立、受精概念
の確立および減数分裂の発見が、こんにちの細胞学や生命科学の基礎を築い
た。とくに、**マティアス・ヤコブ・シュライデン**（ドイツの植物学者）の「あ
らゆる生物は細胞からなる」、**ルドルフ・ウィルヒョー**（ドイツの細胞病理
学者）の「すべての細胞は細胞から生じる」という細胞説は、いまも生物学
の基本中の基本となっている。20 世紀では第二次世界大戦後、電子顕微鏡
の実用化が細胞の微細構造の研究に飛躍的進展をもたらし、細胞生物学とい
うあたらしい概念が誕生する。やがて分子から遺伝子まで、より微細な構造
の解明へと研究が進展していくことになる。以下では、本章で中心的に取り
挙げる生殖細胞に注目していこう。

3.　生殖細胞への関心、観察から介入へ

3–1.　まずは、見る・視る・観る

　卵子と精子が発見され、それらも細胞であることが分かると、生殖細胞と
名付けられた。研究者らの関心も一気に高まり、顕微鏡下でおおいに観察さ

れていく。とくに精子は、動物のであれヒトのであれ、（たいていは摩擦によって）いつでもすぐに採取できる。一方、卵子を任意に体外へ排出することは不可能である。よって、多くは実験動物、あるいは家畜やヒトから摘出した卵巣を切り開いて卵子を採取し、観察することになる。ちなみに、生物一般において、卵子は全細胞のなかで最も大きい細胞である。これに対し、精子は最も小さい細胞である。

　卵子や精子を単独で観察するステージから、それらを混ぜてみたいという好奇心が湧いてくるのは時間の問題である。受精卵の作成とその観察に始まって、発生学や胎生学などが進展していくことになる。とはいえ、たとえばヒトの精子はおよそ3日〜5日、ヒトの卵子はおよそ1日しか生存できない。動物のであれヒトのであれ、人為的に受精卵をつくったとしても、細胞としては生体外ではすぐに死んでしまう。次第に、発生生物学を中心として細胞の培養や保温のほか、凍結保存や解凍のための機器・器具・手技が開発されていく。ピペットや培養器の開発などが最初に挙がってくるだろう。それでも、いくら機器や器具が出現しようとも、哺乳類の受精卵はやはり一定の期間しか体外で生存することができない。なぜなら、親となる個体の子宮内で胎盤とともに生育していかなければならないからだ。たとえば両生類なら、体外での産卵・受精、および体外での受精卵の生存が可能であるが、哺乳類ではそうはいかない。

3-2. 卵子の来し方

　哺乳類において卵子を観察しようとする場合、生きた卵子はそう簡単に入手することはできない。たとえばヒトの生体機能としては、およそひと月ごとの**排卵**によって、片方の卵巣から1個から数個の卵子が放出される。しかし、それは**腹腔**という内蔵間の空洞に放出されるので、体外に出ることはありえない。体外に出てくるのは**月経**という形で、死にかけたかあるいはもう死んだ卵子が血液とともに排出されるときである。この卵子を肉眼で見つけることはできないし、顕微鏡を用いて月経血のなかから見つけ出すというのもまた大変な作業である。なによりも卵子はすでに死んでいる。ちなみに月経とは、子宮内で妊娠が成立（受精卵の子宮内膜への着床）しなかったときに、着床を待っていた子宮壁の粘膜が剥がれ落ちて、膣から体外へ排出される一連の生殖機能のサイクルをいう（図5）。

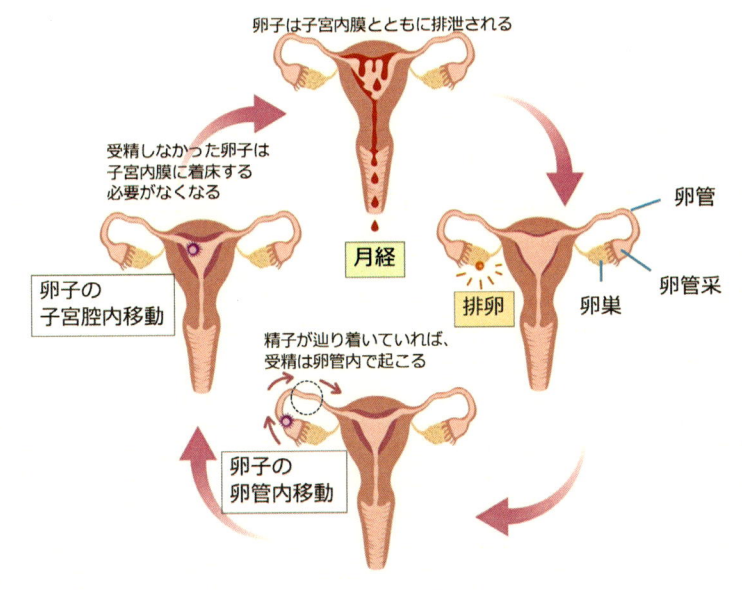

卵子は子宮内膜とともに排泄される

受精しなかった卵子は
子宮内膜に着床する
必要がなくなる

月経

卵子の
子宮腔内移動

精子が辿り着いていれば、
受精は卵管内で起こる

卵子の
卵管内移動

排卵

卵管

卵管采

卵巣

図 5　月経サイクル

　ヒトにおいて、生きた卵子は体外に自然に排出されない。ならば女性の身体に直接働きかけて、生きた卵子を採取しようとする考えが現れてくる。これを正当化するのに「有用」な理由づけは、後述する人工生殖や「不妊」治療である。これらはすでに、欧州では 1870 年代に家畜で先行していた（尤も動物の採卵については、卵巣や卵子を採るためだけに開腹されるか、屠場から新鮮な卵巣が回収されるなどした）。動物でそれなりの手応えを掴むと、ヒトにおける**卵子採取**の機器や器具や薬剤、それらを操作する手技の開発はすぐに進展していった。

　しかし、いくら機器や薬剤などが開発されても、生身の身体はそんなに思い通りに操作することはできない。というより、思い通りに操作してはならない。卵子採取とは生きた女性身体に対する、他人による、外部からの、物理的な介入および侵入であることに変わりないからだ。なにしろ、これらの開発者は歴史的にもほとんど男性だったので、女性の身体的苦痛や心理的苦痛、薬剤の副作用などは、取るに足らないものとしてたいていは置き去りにしてきた。また、開発に先立っては、さまざまな動物が実験台として用いられてきた。研究や開発における動物利用については、その医学的・科学的・

倫理的妥当性についてさまざまに意見が分かれているが、人体実験を回避するためには動物実験は必要不可欠と国際的には認識されている[2]。よって現在も、動物実験は一定の手続きのもと実施されている。

3-3. いかにして、体内にある卵子を採るのか

　ヒトの生体からの卵子採取は、具体的にどう行うのだろうか。そこでは二段階のプロセスがある。

　まず、①**排卵周期への医療的介入**がある。排卵予定日かその前後あたりに必ず排卵するよう、しかも複数個排卵するよう、事前に薬剤（内服または注射薬）を一定期間にわたり強力に投与する。これは卵巣を刺激する排卵誘発剤である。通常の生体機能では起こり得ない作用を人工的に引き起こすものであるため、身体へのダメージはかなり大きい。通常の生体機能においてさえ、排卵とは生理現象としての破裂である。この破裂自体に痛みを感じる人もいる。というのも、卵子を包み込んでいる卵巣内の**卵胞**が膨張し破れることで、排卵は起こっているのだ[3]。これを人為的に引き起こす排卵誘発は計画的に行うものの、機械のように「管理」できるというわけではない。採卵前に排卵してしまっては、卵子は腹腔内に放出されるので採取不可能となってしまうし、薬剤が強すぎて卵胞ではなく卵巣そのものが破裂してしまう場合もある。また、薬剤の影響により血液凝固系に問題が起こって血栓ができてしまう場合もある。これらがいつ起こるか分からないという点でも、排卵誘発は女性の生命自体を危険にさらす側面をもっている。

　卵子採取の次のプロセスは、②**排卵直前の卵子を採取するための外科的処置**である（**図6**）。経腟超音波機器を介し卵巣の画像を見ながら、麻酔（局所か静脈）を行ったうえで、注射器（吸引シリンジ）の針を腟壁から卵巣に到達させる。そして、卵巣内にあるいくつも成熟させた卵胞から、卵胞液ごと卵子を採れるだけ吸引していくのだ。卵巣は両方とも薬剤で刺激されているので、外科的処置に続く卵子採取も両方の卵巣で行われる。採卵までのプロセスが苦痛であるうえに、うまく卵子が採取できなかったり、うまく卵子が成熟していなかったりする場合がある。こうした場合、多くは振り出しに戻って排卵誘発のサイクルからやりなおすことになる。実際、一度のサイクルで充分に採卵できることは少なく、また採卵後の人工生殖が一度で成功することもまれである。

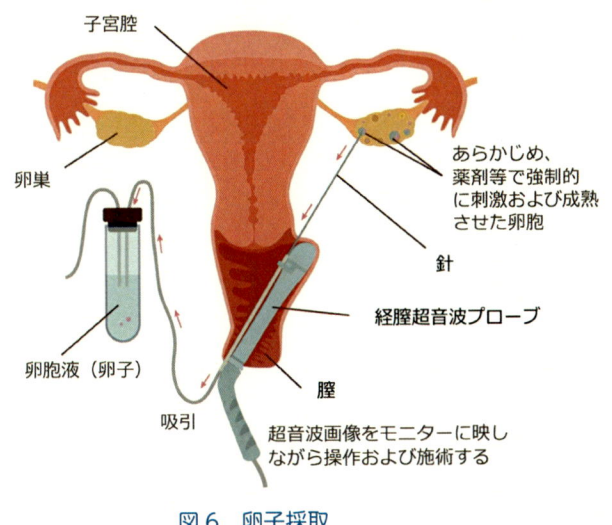

子宮腔

卵巣

あらかじめ、薬剤等で強制的に刺激および成熟させた卵胞

針

経腟超音波プローブ

卵胞液（卵子）

膣

吸引

超音波画像をモニターに映しながら操作および施術する

図6　卵子採取

3-4.　生命操作への欲望の萌芽

　体外に取り出された卵子は、生きたまま体外で保存できなければならない。この技術開発の並行が、こんにちの人工生殖または生殖補助技術をよくもわるくも一層進展させることになった。どうしても子供がほしいと思う人々はいて、こうした人々が医療と技術を介し子作りにチャレンジしてみることが可能となった。とくに女性において、身体的負荷や経済的負担をどうにか忍耐でき、運というもの——いくら技術が進展しようとも、生体で起こる生殖という現象すべてをコントロールすることはできない——が味方してくれれば、妊娠・出産の可能性に近づけるかもしれないのだ（もちろん、妊娠・出産が必ず叶うというわけではない）。そして、これらの背景にある生物学や胎生学、細胞遺伝学などの飛躍的な進展も見逃すことはできない。

　しかし他方で、人工生殖とは文字通り人工的に生命を作ることであり、いわば神の領域に人間が介入するとしてその是非が問われてきた。妊娠に用いなかった受精卵の扱いはその後どうすべきなのか、またそのような受精卵の廃棄は胎児に近い存在を廃棄することになるのかといった問題も突きつけられてきた。さらには、子供という存在に対する意識が「いつか授かるもの」から「技術の力を借りてなんとしても作るもの」へと変化してきた。そのように思い込んでいたり、プレッシャーをかけられたりする側面もある。また

別の側面からは、医療的な子作りの過程で生殖細胞や受精卵の「質」を選んだり、気に入らない細胞や遺伝子や受精卵を排除したりすることへの欲望が出現してきた。このことは、**生命操作への欲望**が、研究者側からも一般の人々からも湧き上がってきていることを意味する。このように、そう簡単に答えを出したり決着をつけたりすることのできない複雑な諸問題をもたらしたのが、人工生殖なのである。だからといって、本書は生殖をめぐる諸技術の全面禁止や積極的推進を支持するというものではない。留意したいのは、観察から介入への変遷において、その対象は女性身体のみならず卵子や精子、受精卵やゲノム、そして胎児そのものへと拡張していることである。いまや胎児とは、生物個体として生まれてくる前から、観察・監視、介入・操作の対象となっている。

4. 「不妊」の病気化と医療化

　子作りしていても妊娠しない状況は「不妊」と呼ばれる。医学界を中心に、近年では、子作りして1年以上妊娠しない状況を「不妊（症）」とみなす傾向にある。妊娠しないことで体に苦痛があったり、健康状態が悪化したりするわけでもないのに、なぜか「病気」とされる。

　とはいえ、「不妊」の原因が男性にあるのか女性にあるのか、あるいは両者にあるのか、それとも原因不明であるのかといったことは、検査によってある程度分かる。カップル間の排卵と射精のタイミングが合わずに妊娠しないこともあれば、いわゆる「不妊治療」をやめた途端に妊娠したりすることもある。一方、避妊もしていて絶対に妊娠したくないというときに限って、あっさりと妊娠するということもよく起こる。生殖というのは、本来そう簡単に思い通りにはならない。興味深いことに、卵子と精子の生化学的・物理的な「相性」というものもあって、カップル間のものではない卵子または精子を用いて人工生殖したら受精または妊娠したという例も報告される。なお、カップル間において第三者と関わる生殖については、後の章でみていくことにする。

　ここで考えたいのは、「不妊」という状況の病気化・医療化の問題である。先述のように、妊娠しないことが当人の身体に健康上の害を与えるわけではないし、生命に危機が生じるわけでもない。にもかかわらず、妊娠しないこ

とが「不妊症」という病気のカテゴリーにくくられてしまう。「不妊であること」が医学的な研究対象となり、「治療」の対象にもなったのはつい最近のことである。ちなみに、男性側に不妊の原因がある場合にも、生殖補助技術による「治療」を受けるのは、妊娠・出産という身体機能を有する女性側となることがほとんどである。

　具体的に「不妊」をめぐって「治療」を施す場合というのは、対照的に異なるふたつの側面がある。ひとつは、受精や妊娠成立を妨げている、生殖器官の機能的・器質的障壁に対する治療の側面である。たとえば、1）排卵がうまくいくようホルモン調整をする、2）卵子を子宮に運ぶ役割をもつ卵管が詰まっていればその詰まりを物理的・外科的に開通させる、3）精子の数が少ない・運動性が低いといった場合は、男性もホルモン剤によって改善を試みたりする。これらはやらなくても当人の健康上に問題はないが、薬剤や医療を用いること、および妊娠しやすい状態へ医学的に促すという点で「治療」とされている。また、「治療」のもうひとつの側面は、もはや生殖器官の状態に焦点はなく、体外でダイレクトに受精卵をつくって妊娠を試みるものである。それは、いまや人工生殖の主要な技術とされている**体外受精**である。これによって生殖を医療・技術的に補助することも含めて、「治療」と呼んでいる。こんにち、「不妊」の病気化と医療化はあたかも必要で当然の成りゆきであるかのごとく位置付けられている。

　ちなみに**医療化**とは、これまで医療の対象ではなかった社会生活のあらゆる現象が、「治すべきもの」・「医療に組み入れるべきもの」として再定義され、実際に医療が加えられることをいう。そこには、投薬や生活指導、訓練、場合によっては外科的介入まで多岐にわたる。たとえば、「ボケる」ことは老いと不可分かつ生き物として自然なものである。しかし20世紀以降、「ボケる」ことを「認知症」と名付けたり、あるいは太ることを「肥満症」と名付けたりして、これらを予防や治療の対象にし始めた。ある生体現象の医学的な原因が見つかったというより、ある生体現象とは病的状態なのだと社会的・文化的・政治的に定義され、医学の領域で「治療」の対象とされていくのである。この問題性を私たちは読み取る必要がある。

5. 生殖補助技術 (ART: Assisted Reproductive Technologies) の登場

5-1. 産婦人科医と生物学者の邂逅（かいこう）

　およそ半世紀前の 1978 年、世界で最初の体外受精児がイギリスで生まれた。**ルイーズ・ジョイ・ブラウン**さんである（図7）。世界では、現在までに 600 万人以上の子供が体外受精という生殖技術を介して生まれている。最近の日本では 11 ～ 12 人にひとりの割合で体外受精児が誕生しており[4]、それは厚生労働省統計による 2021 年の総出生数約 81 万人から計算することができる。ちなみに、日本で最初の体外受精児が誕生したのは 1983 年のことであり、東北大学の研究班による。

　生殖補助技術の詳細は次の章で取り上げるとして、ここではルイーズさん誕生までの前史にふれておこう。イギリスにおける 3 人の研究者が深く関与している。ひとりが産婦人科医の**パトリック・ステプトー**、もうひとりが生物学者の**ロバート・エドワーズ**、さらにもうひとりが、発生学者にして看護師の**ジーン・パーディ**である。

　ステプトーは腹腔鏡という当時最先端の医療技術の数少ない専門家であり、イギリスで最初に、腹腔鏡を用いた腹腔内検査を導入した人でもあった。腹腔鏡とはお腹を切り開くことなしに、小さな穴を開けて内視鏡を挿入し、

図7　ルイーズ・ジョイ・ブラウンさん誕生の報道写真（1978 年）

生体内部を観察する医療機器および医療技術である。この腹腔鏡によって、卵管閉塞の確実な診断も可能となっていく。とはいえ、当時は卵管閉塞に対する有効な治療法はなく、両方の卵管が閉塞しているという事実は、当の女性が絶対に妊娠できないことを意味していた[5]。

エドワーズのほうは、駆け出し研究者の頃からマウスの胚や体外受精に強い関心をもっていた。マウスの体外受精も実験していて、これをヒトへ応用してみたいと考えていた。実験動物であれば、人間の思い通りに卵子採取や人工生殖を行えてしまうが、ヒトにおいてはそうではない。とくに卵子をどう入手するかが問題である。エドワーズは病院から譲り受けた卵巣を切り開き、卵子を取り出して研究していた。それは婦人科疾患で外科的に摘出された卵巣であった。エドワーズはまた、実験過程で自分の精子——まさにいつでもすぐに排出できる——を使って体外受精を試みていた。そこでは卵子の培養技術や培養液がものをいうことになるのだが、エドワーズはついに、ひとつの卵子にひとつの精子が入り込んだシャーレに出くわす。1968 年のことである。このとき立ち会っていたのは博士学生バリー・バビスターで、彼こそが当の培養液を鋭意考案していたのだった[6]。

パーディはといえば、先に看護師のキャリアを積んだあと、1968 年よりエドワーズの元で研究者のリャリアをスタートさせている。パーディは、ただちにアメリカに渡ってヒト胚の発生学を修め、帰国後はエドワーズとともにヒト卵子の受精機構を究明していくことになる。ルイーズさんの元となった胚はもちろん、数々の体外受精胚の観察と培養管理のほか、「不妊」女性たちの排卵周期のチェックやケアに努めたのもパーディである[7]。

ほどなく、ステプトーとエドワーズが手を取り合って、またパーディのマルチな活躍のもと、ヒト体外受精の実現に乗り出していく。めざすのは実験室での研究ではなく、生きた人体での臨床研究である。

5–2. 試行錯誤のプロセスと体外受精児を出産した最初の妊婦

自分の精子を用いた受精実験の再現性を確認したエドワーズは、ステプトーとともに、世界で最初にヒト卵子とヒト精子の体外受精におけるごく初期段階が成功したこと報告した。1969 年、科学ジャーナル *Nature* においてである。研究開始当初より、ヒトの体外受精については神の領域を侵すとして教会や政府関係者からの強い批判があったが、この批判は 1969 年の論

文発表によって世界規模へと広がることになった。それでも彼らは研究を続けた。体外で受精させることは思うほど容易ではなかったからだ。実際、1969年論文で報告できた内容は、受精卵が分割を始める前までの限られた段階であった。そのうえ、卵子はシャーレ内ではなく卵巣内で成熟させるという課題があったし、受精後の卵を胚まで生長させねばならない難問があった。同様に、腹腔鏡を用いた卵子採取の技術も開発しなければならなかった。先の長い試行錯誤のプロセスを続けるにあたって、「不妊患者」女性たちの協力を仰ぐしかなかった。

　1977年、体外受精からついに臨月まで至ることのできた最初の妊婦が、**レスリー・ブラウン**さんである。翌1978年、帝王切開で冒頭のルイーズさんが誕生した[8]。過激な報道から守るために病院は厳重な警戒体制に置かれていたが、この新生児はマスコミによって「試験管ベビー（Test-tube baby）」と勝手に呼ばれ、キャッチーかつ嘲弄的イメージで販売部数や視聴率を稼ぐことに利用されたことは否めない[9]。なによりも、ルイーズさんはじめ体外受精で生まれた子供たちは、試験管を使って作られたわけでも、試験管から誕生したわけでもないのだ。哺乳類であるヒトの体外受精児は、あくまでも母胎を介すという「古典的方法」で生まれてくる。すなわち、一定期間体外で培養した受精卵（胚）を、子をもうけたい女性の子宮に移植した後、妊娠の成立から妊娠の継続、妊娠末期の出産を経てようやく子として誕生するのである。

　その後、1980年代を通して体外受精と胚移植にかかわる諸技術（機器・薬剤・技法含む）は飛躍的に改良・開発が重ねられ、1990年代になると、世界各国がこれを「不妊治療」の先端技術として導入していった（[コラム② 　胚培養士の功績] 参照）。ルイーズさん誕生から32年後、エドワーズは2010年に「体外受精開発の功績」に対するノーベル生理学・医学賞を受賞することになる。本来なら共同受賞であるはずのパーディとステプトーは、このときすでに他界していた。エドワーズの受賞についてはある種のサクセスストーリーのようにみえるが、その背後には数々の失敗、生命丸ごと消費された実験動物のほか、薬剤による卵巣刺激や採卵時の苦痛を味わった女性たち、結局は妊娠や出産にまで至らなかった女性たちがいた／今もいるということは見過ごせない。

コラム1

ヒト胎児の生殖器は女がデフォルト

　ヒト胎児の生殖器は、受精後7週目頃まで基本仕様は女である（図8）。これは染色体の型がXXでもXYも同じである。この時期のデフォルトとして、外陰部の奥には胎児の原始的な管組織であるミュラー管とウォルフ管が延びていて、そのさらに奥にまだ卵巣・精巣になっていない未分化の性腺（原始生殖細胞）が鎮座している。そして、これらを取り囲むように腎臓と尿管の原形が備わっている。受精卵の発生のプログラム通りに進行すれば、このまま確実に女児となっていく。

　女児の場合、ミュラー管は細胞分化によって膣、子宮、卵管に変化し、未分化性腺は卵巣になる。また、ウォルフ管は退化していくが、その一部は尿路形成に用いられる。一方、男児の場合はウォルフ管が精管へ、未分化性腺は精巣に変化する。精巣は当初腹腔内にあるが、後に陰嚢のところまで下降してくる（下降しなければ停留睾丸となる）。ミュラー管は退化する。

　男児への変化は、発生プログラムのデフォルトから別の岐路を辿ることを意味する。あるタンパク質がY染色体だけに対応することで、別の岐路を組み立てるスイッチが入る。つまり、これは染色体がXY型の受精卵だけに起こる。

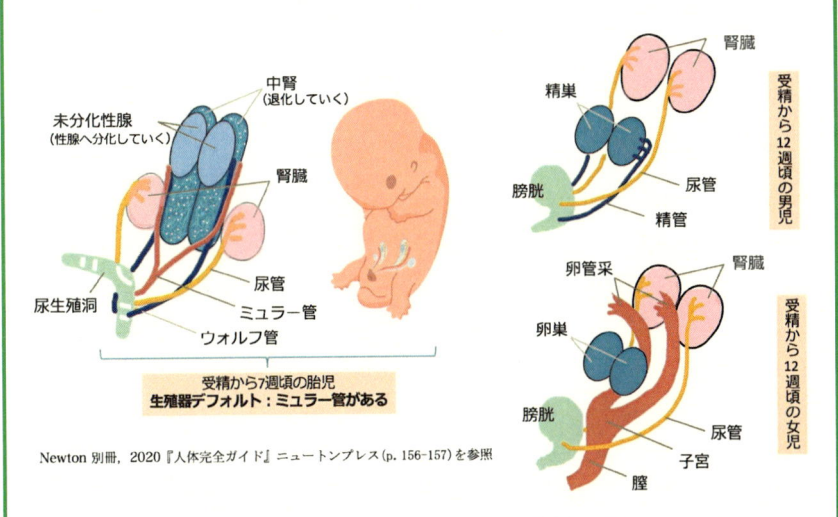

Newton 別冊，2020『人体完全ガイド』ニュートンプレス（p. 156-157）を参照

図8　ヒト胎児の生殖器の変遷

その後、男児の生殖器は規定路線を降りて別の路線をつくることで成り立ち、いわば急ごしらえの運命を辿る。まずは膣口を閉じ、大陰唇も閉じて袋をつくる。この袋は陰嚢になる。次に、外陰部を全部閉じてしまうと尿も精液も出せないので、空洞を残しながら小陰唇を閉じ上げて筒状物をこしらえる。これがペニスになる。実は、男性はこの一連の外陰部閉じ上げの痕跡を、自分の身体に見ることができる。いわゆる「蟻の門渡り」がそれである。急ごしらえとはすなわち、女性は生殖と排尿の管が別々に構築されているが、男性は女性デフォルトを改変してつくられているので、生殖と排尿に用いる管を1本で共用するしかないのである（ミュラー管を抑制したため）。実は生殖器を作り上げるこの一連の仕組みはヒトだけに限らず、雌が原型であるのも哺乳類でほぼ共通している。さらに詳しくは、クック（2023）を参照。クックは、ダーウィンを初めとする往年の生物学者たちが伝承してきた男性中心主義的な偏見を、学問的裏付けとともに痛快に斬っていく。

コラム2

胚培養士の功績

　最初のヒト体外受精を成功させたのが生物学者であったように、医師が体外受精の手技を行う（うまく操作できる）ことは稀である。現在となっては、胚培養士が受精卵の作成――顕微授精等含む――に重要な役割を果たしている。日本では、農学系か臨床検査技師系を出身とする人が1年以上の実務経験を経たのち、認定資格を得て胚培養士になっている。体外受精の一連の流れにおいては、産科医が胚移植を行う前の段階で、胚培養士によるかなり重要な仕事がなされているのである。医療行為を行う医師と比して、胚培養士はあまり表舞台に上がってこないのは残念である。

　また、胚移植後にうまく着床および妊娠に至った場合、あたかも産科医ひとりの功績のように捉えられがちであるが、胚移植のタイミングだけでなく、それを受ける側の生体状況等さまざまな要素が関与している。そうした複雑な状況までを、産科医が制御できているというわけではない。ICMART（国際生殖補助医療監視委員会）のデータ[10]によれば、とりわけ日本における「不妊治療」の実態は、体外受精の「治療周期」が世界で最も多いのにもかかわらず、その

出産率は世界で最も低いという事実がある。この理由について日本の医師らは、単に女性の高齢——卵子の高齢化——だけを引き合いに説明すること多いが、国外の「不妊患者」も少なからず高齢である以上、あまり説得力があるといえない。なお、国外では、自分のではなく提供卵子を用いた場合なら出産率は高まるとみなせるデータ[11]が確かに報告されているが、ほかにも関連する要因までは明らかにされていない。卵子さえ取り換えれば「不妊治療」はうまくいく、というものでもない。

註

1)　とくにヒト胚研究やクローン胚研究においては、世界的な「14日ルール」が設けられている。すなわち、これらの胚は作成後14日または原始線条の出現までで培養を停止しなければならない。

2)　第二次世界大戦期のナチス政権下でなされた人体実験・抹殺政策は、医師の積極的関与が戦後アメリカにおける医師裁判で裁かれた。医師による医学犯罪として、1947年8月20日判決は被告医師16名に有罪判決を下した。この判決文には、医学実験において医師が遵守すべき10ヵ条が「ニュルンベルク綱領（ニュルンベルク・コード）」として明記されており、そのひとつに動物実験の知見が先行する必要性が盛り込まれている。本綱領はこんにちも、医学研究の重要な国際ルールのひとつに位置付けられている。他方で、動物実験が密室でなされうる問題や、実験動物とヒトでは薬剤の効用や化学物質の反応が異なるため、実験動物による知見がそのままヒトに適用できるとは限らないという原理的な問題がある（シンガー 2011; グルーエン 2015）。そもそも、マウスとモルモット間でも薬効が異なる。

3)　通常の生体機能としての排卵は、毎月、左右どちらかの卵巣だけで起こる。

4)　日本産科婦人科学会ウェブサイトにおける2023年の公開情報「2021年ARTデータブック（2021年体外受精・胚移植等の臨床実施成績）」参照。
https://www.jsog.or.jp/activity/art/2021_JSOG-ART.pdf（2024年3月1日最終閲覧）

5)　卵管の先端は卵管采と呼び、卵巣から放出された卵子を吸い上げるイソギンチャクのような構造・機能になっている。キャッチされた卵子は卵管自体の蠕動運動によって卵管内を進行しながら、反対方向からそこまで泳いできた精子と出会う。受精は子宮ではなく卵管で起こる。卵管という器官が重要な役割をもっていることが分かる。

6)　この培養液は、大学院生がハムスターの体外受精のために用意したものであった。それには、エネルギー源・塩・牛血清タンパク・ペニシリン・重炭酸ソーダが用いられていた（エドワーズ・ステプトウ 1980: 104）。

7)　折しも、2024年11月より、『JOY』と題された伝記映画がNetflixから配信されている。世界初の体外受精児誕生に向け奮闘した3人の科学者と、これに挑んだ「不妊」女性た

ちの史実に基づく物語である（制作イギリス）。注目すべきひとつは、ルイーズ誕生とい
う世界的出来事にかかわり、パーディという女性科学者の貢献が正当に描かれているこ
とである。3人での体外受精プロジェクトであり論文にも氏名があるのにもかかわらず、
長らくエドワーズとステプトーのみの功績と捉えられてきた。https://archives.bristol.
gov.uk/records/45827（ブリストルアーカイブス web 資料 2024 年 12 月 10 日閲覧），
https://www.theguardian.com/society/2019/jun/10/jean-purdy-female-nurse-
who-played-crucial-role-in-ivf-ignored-on-plaque（ガーディアン web 記事 2024 年
12 月 10 日閲覧）参照。

注目すべきもうひとつは、作品タイトルである。JOY とはルイーズさんのミドルネーム
ネームであることはいうまでもなく、関係者たちの喜びであったことも間違いない。他
方で、体外受精児誕生の史実から約半世紀を経て、どのような語がその物語のタイトル
に用いられ、どのような価値付けをされているかが如実にあらわれている。つまり、当
時は「世間」で異端扱いされていた体外受精という事柄や行いは、「世間」の価値観や受
けとめ方が変われば、その意味や価値もいかようにも変わるということである。翻って、
科学研究というものが、社会と断絶した真空世界にいられるわけではないこと、その一
方で時の情勢や国策などにも容易に巻き込み／巻き込まれる側面を有することに気づか
されるだろう。

8) ブラウンさんの妊娠合併症を考慮し、計画的帝王切開が図られた。2605 g の女児が元気
に誕生した。

9) エドワーズとステプトーの共著の訳書『試験管ベビー』も、原著タイトルは *A Matter
of Life: The Story of a Medical Breakthrough* (1980) であるのにもかかわらず、
キャッチーな言葉が用いられている。

10) Chambers et al (2021).

11) Centers for Disease Control and prevention (2014: 46).

参考文献

天児和暢，2014「レーウェンフックの微生物観察記録」『日本細菌学雑誌』62(2): 315–330.

Centers for Disease Control and prevention, 2014, "2014 Assisted Reproductive
Technology National Summary Report," 1–78.

Chambers, G.-M.et al., 2021, "International Committee for Monitoring Assisted
Reproductive Technologies world report: assisted reproductive technology,
2014," *Human Reproduction*, 136(11): 2921–2934.

Edwards, R.-G., B.-D. Bavister and P.-C. Steptoe, 1969, "Early Stages of Fertilization
in vitro of Human Oocytes Matured *in vitro*," Nature, 221: 632–635.

ロバート・エドワーズ，パトリック・ステプトウ［飯塚理八監訳］，1980『試験管ベビー』
時事通信社．［本章第 5 節の内容の詳細］

福岡伸一，2008『できそこないの男たち』光文社．［本章コラム①の内容の詳細］

ローリー・グルーエン［河島基弘訳］，2015『動物倫理入門』大槻書店．

石原理，2016『生殖医療の衝撃』講談社現代新書．［本章第 5 節の内容の詳細］
森崇英，2005『生殖の生命倫理学——科学と倫理の止揚を求めて』永井書店．
Newton 別冊，2020『人体完全ガイド』ニュートンプレス．［本章コラム①の内容の詳細］・［図 8 の一部は p.156-157 を参照している］
沖津摂［楠原浩二監修］，2021『胚培養士の出番です——生殖補助医療（ART）成功のカギをにぎるスペシャリストの仕事』文芸社．［本章コラム②の内容の詳細］
ピーター・シンガー［戸田清 訳］，2011『動物の解放 改訂版』人文書院．（2024 年新訳全面改定版あり）
東京大学生命科学教科書編集委員会，2015『現代生命科学』羊土社．

読書案内

ルーシー・クック［小林玲子訳］，2023『ビッチな動物たち——雌の恐るべき性戦略』柏書房．
マリーケ・ビッグ［片桐恵理子訳］，2023『性差別の医学史——医療はいかに女性たちを見捨ててきたか』双葉社．
ブライアン・J・フォード［伊藤智夫訳］，1986『シングル・レンズ——単式顕微鏡の歴史』法政大学出版．
アヌシェイ・フセイン［堀越英美訳］，2022『「女の痛み」はなぜ無視されるのか？』晶文社．
石川裕二，2019『哺乳類の卵——発生学の父、フォン・ベーアの生涯』工作舎．
マイケル・A・スラッシャー［井上太一訳］，2017『動物実験——その裏側で起こっている不都合な真実』合同出版．
アンジェラ・サイニー［東郷えりか訳］，2019『科学の女性差別とたたかう——脳科学から人類の進化史まで』作品社．
塚原東吾編，2015『科学機器の歴史：望遠鏡と顕微鏡 イタリア・オランダ・フランスとアカデミー』日本評論社．
柘植あづみ，2012『生殖技術——不妊治療と再生医療は社会に何をもたらすか』みすず書房．

第4章 ヒトの人工生殖：生殖補助技術の細分化、利用方法の拡張

　本章では、ヒトの生殖補助技術の具体的内容とその現代的状況をみていこう。また、これらについてさまざまな角度から考えていこう。人工生殖の諸技術を用いることで、これまでの「子作り」とか「家族」とかいうもののありようを一変させる可能性が開かれた。他方で、人工生殖に生命操作の機会——医学的、科学的、技術的、社会的ないし政治的な機会——を見出し、そのための諸技術も開発されていくことになる。生命操作に向けた諸技術は、生殖補助技術と出生前検査を表裏一体としながら、こんにちさまざまに応用範囲を広げようとしている。

1. 生殖補助技術（ART: Assisted Reproductive Technologies）の大枠

　生殖補助技術とは、妊娠の成立を目的として、卵子や精子や胚を体外で人為的に扱う方法や手順を総称した呼び方である[1]。第3章で言及したように、妊娠を助けるための医療技術は、投薬や外科的対処という「治療」の形をとる場合と、技術や機器によってダイレクトかつショートカットで受精や妊娠に介入していく場合とがある。ここでは後者をとりあげる。

1–1. 人工授精（AI: Artificial insemination）

　生殖補助技術の大枠のひとつが、人工**授**精である（授は「さずける」のじゅ）。妊娠を図るために性交ではなく注入器具によって、精液を子宮内に注入する方法である。人工授精の多くは、男性側の不妊への対処として用いられている。たとえば、乏精子症、精子無力症あるいは性交障害などである（これらも社会的理由による病気化・医療化と呼べるだろう。精子がないことが痛みを伴ったり健康状態を悪化させたりするわけではないからである）。人工授精の実際は、女性がクリニックの診察台に乗り、あらかじめ採取しておいた精液を医師が女性の子宮内に注入するのが一般的である。人工授精の手技自体はきわめて原理的である。ちなみに、精子は男性が自宅で排出したものを女性が持参するか、カップルでクリニックに来て、男性が精子採取室

51

でマスターベーションにより排出したものを用いる。性交なしで子を作る方法として、今でいう人工授精は、非医療的および個人的実践としてはかなり古くから行われていた。こんにちもこれを個人的に実践する人々はいるし、技術的にも困難はない。市販のシリンジを用いて簡単にできるからだ。ただし、事前に感染症回避の十分な対応が必要ではある。

　人工授精の私的な行いが公にされることは少ないが、医学史として辿れるものは、1799 年のスコットランドでの報告が最初である[2]。それは外科医**ジョン・ハンター**による、重度の尿道下裂のため膣内射精できない男性とそのパートナーに対する試みの報告である。具体的には、このカップルの女性に対し、射精された精液をすぐにガラスシリンジに集めて膣内に注入するよう助言した結果、実際に妊娠・出産にまで至ったというものだ。このほか、1866 年には、アメリカの婦人科医**ジェームズ・マリオン・シムス**が器具を用いて精液注入を行ったことが報告されている。このとき、精液は女性の膣内ではなく、よりダイレクトに子宮頸管内に注入されていた。シムスの場合はとくに、カップルの性交が終わるまで別室で待機するというやり方であった。具体的には、射精された精液を女性の膣内からいったん回収し、器具に吸引したものをあらためて女性の子宮頸管内に注入するというプロセスである。いずれも、カップルの私的な性生活への医師による介入であるが、人工生殖において〈性行為〉と〈子作り〉とがまだ密接に関与していた時代ともいえる。

1–2. 体外受精と胚移植 (IVF: In vitro fertilization, ET: Embryo transfer)

　生殖補助技術の大枠のもうひとつが、前章でとりあげた体外受精である（受は「うける」のじゅ）。人為的に卵巣から吸引した卵子（複数）を培養器内で精子と受精させるのだが、受精自体は、シャーレ内の卵子に精液を振りかけて放置するという原理的なやり方である。そこではむしろ、卵子採取の方法のほか、培養器内環境や培地調合のほうが重要視されてきたといえよう。うまく受精に至った場合、今度はその受精卵や胚を器具によって子宮腔や卵管に移植する手順を踏む。受精した卵はおよそ 48 時間後に 4 細胞、およそ 72 時間後に 8 細胞に分裂するので、4〜8 細胞になったときを狙って胚移植は行われる。実は、胚の着床可能な時期は受精後 5〜6 日目であり、あえてこれより早期に移植するのは、胚の生育を促すという意図による。と

いうのも、体外培養よりも「生体内培養」すなわち子宮腔や卵管内のほうが胚の生育がよく、生育がよいとは無事に着床しやすいことを意味する。つまり、体外受精胚を着床可能な胚盤胞の時期まで体内で育てているわけである。

　このように体外受精ではいくつものステップを踏んで妊娠を試みるのだが（図1）、妊娠に至る割合はさほど多くない。日本については、日本産科婦人科学会が毎年報告するデータ[3] でこれを確認することができる。同学会の2024年の報告（2022年の状況のまとめ）によると、体外受精後の胚移植1回ごとの妊娠率は「新鮮胚」で21.96%、「凍結胚」で37.8%である。そこから無事に出産まで至った出産率は、「新鮮胚」で19.2%、「凍結胚」で27.0%である。実はいわゆる「自然妊娠」においてさえ、カップルが計画的に妊娠をめざし排卵日前後に性行為した場合であっても、その成功率は20〜30%に留まる。そして、体外受精の成功とは体外で受精が成立し、胚と呼ばれる状態になるまで育つことをいうのであり、体外受精の成功＝妊娠の成立ではない。同様に、妊娠の成立＝子の誕生でもない。体外受精から無事に出産まで辿り着くのは、ほとんど運ないし偶然性によるものであり、いかに技術が進展しようとも確実に子が得られるというわけではない。生身の身体の思い通りにならなさなさはここにも立ち現れる。

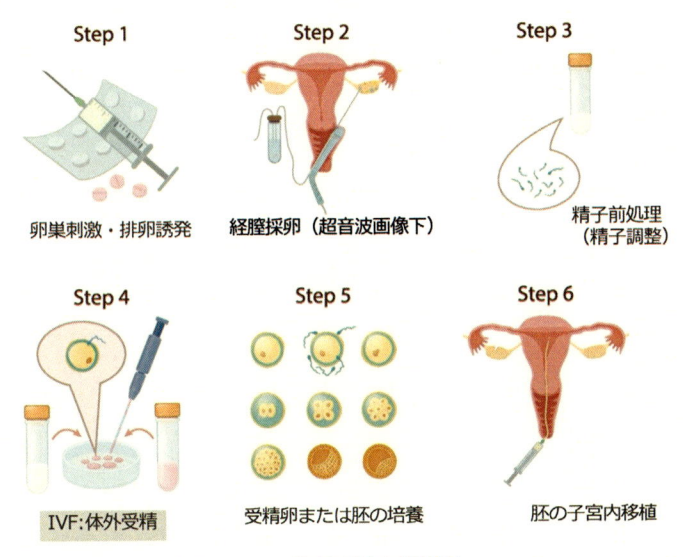

図1　体外受精と胚移植

なお、体外受精および胚移植は、女性の卵管性不妊のほか男性不妊、原因不明の不妊などに対しても、医療的選択肢に挙がったり実施されたりしている。前章でも言及したが、男性不妊への対処は、パートナーである女性の身体に対する侵襲的介入のもと成り立っている。

2. 体外受精にかかわる技術の微細化・高度化

2–1. 電子顕微鏡下での顕微授精 (ICSI: Intracytoplasmic sperm injection)

体外受精はシャーレに入れた卵子に精液を撒いて放っておくやり方であった。うまく受精する場合もあればそうでない場合もある。待っているのがもどかしい、と考える研究者はどうしてもこれに介入したくなる。16世紀以降の顕微鏡の登場が卵子や精子を観察のステージに登場させたわけだが、20世紀の電子顕微鏡の実用化は生殖補助技術ともより深く関与していき、とりわけ生殖細胞や受精卵への物理的・侵襲的な介入に行き着く。**顕微授精**すなわち「卵細胞質内精子注入法（ICSI）」は、精子を吸い込んだガラス管を卵子に直接に差し込んで注入する方法である（図2）。もちろん、微細なガラス製ピペットという器具の開発と繊細な手技の鍛錬が先立つ。ちなみに、世界で最初に顕微授精による妊娠が報告されたのは、1992年のベルギーである。

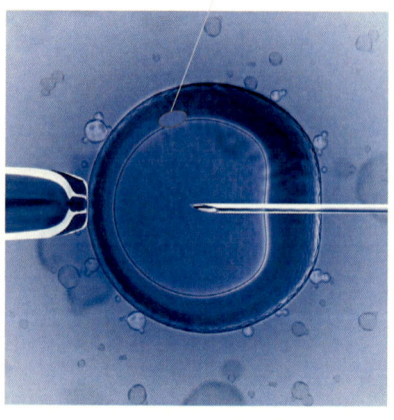

極体（成熟卵子にみられる）

卵子を固定する
ガラス器具

細いガラス針
（マイクロピペット）

図2　顕微授精：顕微鏡下での卵細胞質内精子注入法

さて、通常の性交によって卵子と精子が合体するのはきわめて劇的、つまり運と偶然性である。すでに知っているはずのこの受精現象について、以下、あえていくつかの説明を加えておこう。顕微授精を理解するのに重要だからである。

第一に、腟内に射精された精液のなかには数億個の精子が含まれており、射精と同時にいっせいに動き出す。そのなかで運動性が高いものだけが、まずは子宮頸部にたどりつく。さらに精子は子宮腔と卵管内を移動する長い旅を続け、受精が行われる卵管膨大部に向かってサバイバルレースを繰り広げる。卵管膨大部に辿り着くには少なくとも数時間かかり、そこまで行けた精子はわずかに数十個から数百個のみである。ここから、運とタイミングによって生き残り、かつ卵子と巡り合えたいくつかの精子は、最後のラストスパートをかける。

第二に、卵子はおよそ受け身ではなく、卵子と精子相互の絶妙な細胞学的・生化学的プロセスを経て受精に至る。というのも、受精は一般に精子が卵子を突き破るといったイメージで語られることが多いが、実際は精子が卵子の透明帯に通路を形成した後、卵子の微絨毛（じゅうもう）が精子を捕捉し細胞膜で精子を取り込んで融合する[4]。

第三に、卵子と受精できる精子はたった1個だけであるなら[5]、射精時に数億個もいらないように思える。しかし、精子の運動性を高めるのは精子間のサバイバルレースが関与している。限られた時間内に早く卵管に移動し受精につなげるための、生物におけるさまざまな仕掛けのひとつである。

ところが顕微授精では、いまみてきた卵子と精子の劇的な出会いや競争、相互の生化学反応等はすべてスキップされる。精子は人為的に選んだ1個〜数個であるし、卵子は人為的に器具で穴を開けられ、精子を機械的に注入される。にもかかわらず、受精は起こりうる。うまくいった場合は、のちに胚移植を行う。やがて、この顕微授精の出現により男性不妊に注目が集まっていく。これはまた、いわゆる「種無し」といわれた男性に子作りする可能性がひらけた一方、なんとしても子をもとうとして、女性が妊娠を望んでい

なくとも生殖補助技術を検討させるような、あらたな力関係や欲望が立ち現れる契機でもあった。反対も然りである。「種無し」なんだから子供はいらないという男性に対し、なんとしても子供が欲しいと願い、技術を積極的に利用したいという女性もいる。いうまでもないが、顕微授精は体外受精を前提とするので、ホルモン薬投与および採卵とセットである。最終的には、生殖補助技術が**女性身体に対する侵襲的な介入**と不可分であることは変わらない。この点は何度も立ち返る必要がある。

2-2.　生殖細胞・受精卵・胚の凍結および融解の技術

　1984 年、オーストラリアで最初に、凍結保存胚を用いた妊娠が出産にまでいたった。体外受精での受精卵を凍結保存したあと、必要時解凍して女性の子宮内に移植し、妊娠を試みたものである。生まれた子供は女児で、ゾーイ（Zoe）と名付けられた。1978 年のルイーズさん誕生のときと同様、マスコミやメディアはこのときも「アイス・ベビー（Ice baby）」の誕生と揶揄した。ちなみに、胚凍結の技術は、牛などの大型家畜に対して 1970 年代からすでに研究されていたし、フリーザーも実用化されていた。ヒトの生殖にあたって、とりあえずは家畜に適用したのと同じ方法を応用しようと考えるのは、時間の問題だったといえよう。

　現在となっては、体外受精のなかでも凍結保存胚移植が圧倒的多数を占めている。ふたたび日本産科婦人科学会のデータ[6] を参照すると、2022 年に行われた総治療周期数[7] は 54 万 3,630 件[8] であり、その約半数が凍結胚移植[9] である。一方、この治療周期数に対する出生児数は、2022 年で約 7 万7,206 人[10] である。実際に子の誕生に至ったのは治療周期数全体で約 14%程度ということになるが、その 9 割以上（7 万 2,201 人）が凍結保存胚移植を経て生まれている。顕微授精と並んで、生殖技術の強力な「推進力」となったのが、この凍結技術である。これを胚移植と併用するので、正式には**凍結融解胚移植**と呼ばれる。

　ところで、凍るという現象は水分が凍るのであり、生物またはその断片組織であれば細胞内の水分が凍るということである。じわじわと凍れば組織内できた結晶が増大し、保存どころか組織や細胞を破壊してしまう。よって、急速に凍結しなければならない。とくに卵子や精子、受精卵や胚は、マイナス 196 度の液体窒素のなかで凍結される。また、凍結したものを解凍（融

解）するさいもじわじわ加温するのではなく、37度の融解液に漬けて短時間で解凍する。こうすることで、氷の結晶とそれによる組織の破壊を防ぐわけである。近年ではあらかじめ凍結保護剤に漬け、細胞内の水分を細胞外に滲出させてから急速凍結することが多い。これを**ガラス化法**[11]という（真空パックの液体版をイメージ）。こうして液体窒素中に凍結された細胞は、理論的には半永久的に保存が可能であり、細胞バンクや骨髄バンクにも実際に利用されている。

　凍結胚移植が広く普及した理由のひとつに、妊娠を試みるタイミング、すなわち子宮への胚移植の時期が都合よくコントロールできる点がある。凍結なしの新鮮胚を移植する場合、排卵誘発・卵子採取・体外受精ないし顕微授精・胚移植までを連続して行わざるをえないのだが、どこかのステップでなんらかの障壁があれば、計画中止および振り出しに戻るしかない。しかし、凍結胚の場合は、受精卵を確実につくってから保存しておき、女性の月経サイクル——排卵のタイミング——に合わせて、解凍および移植することが可能である。しかも、移植時には排卵誘発を行っていない——過去に採卵し受精させたものを凍結保存していた——ので、卵巣へのダメージやホルモン濃度上昇による妊娠への影響を避けることができる。そして、凍結胚移植が普及したもうひとつの理由が、胚移植による多胎妊娠の発生を回避できることである。かつては、新鮮胚移植において妊娠する確率を少しでも上げるため、一度に複数の胚が移植された。妊娠した場合、双子や三つ子やそれ以上の多胎となり、母児への負担が大きくなる。必然的に、早産や低出生体重児の誕生および予定帝王切開の可能性が高くなる。これに対し、凍結胚の場合は保存が効くので、女性の身体サイクルに合わせて一個ずつ移植することができる。なお、繰り返しとなるが、凍結胚移植であっても、妊娠するかどうか・出産までいたるかどうかは、あくまでも運によるしかない。

　人工生殖あるいは生殖補助技術において、すべてがうまくいっているようにみえるが、ことはそう単純ではない。たとえば凍結胚や融解胚の「安全性」がいまも問われているし、生まれてきた子供たちの健康状態や発育状態について、統計的には一定程度追跡されている。また、生物学や生殖医学などさまざまな国際比較研究としても、匿名化のもとでデータ集積は継続されている。生物学それ自体ですら完全に解明されているわけではなくいまだ謎が多いのであるから、人工的に作られた受精卵においても、そのメカニズムや影

響は十分に分かっていない。たとえば、顕微授精において卵子に鋭いガラスシリンジで無理やり穴を開けたのにもかかわらず、なぜその後に受精卵として生長していくのか、どんな影響を受けているのか／いないのかはほとんど謎である。

　前章で触れた体外受精の先駆者、エドワーズに立ち返ろう。実はこの生物学者のノーベル賞授与が、その余生少なくなるころに行われたのには理由がある。その背景では、ルイーズ・ジョイ・ブラウンさんの健康状態が何十年にもわたって注目され観察されていた。彼女が成人し妊娠出産を経たこと、またその子供（レスリー・ブラウンさんの孫）が元気に誕生し成長していることが確認される必要があったのだ。それまで長らく、エドワーズらの行いは、いわば怪しい研究者らによる怪しい技術とみなされていたのである。

3. 生殖補助技術の大枠の応用的展開、身体から分離した生殖細胞と親の関係

3-1. 配偶子や親の「組み合わせ」の多様化

　卵子や精子は配偶子ともいう。とりわけ卵子や受精卵は、女性の身体のなかでだけ存在できるものだった。しかし、体外受精という生殖補助技術の実用化以降、これらの細胞を生きたまま物理的に体外で存在させることが可能となった。このことが人工生殖にどのような展開をもたらしたのだろうか。重要な点は複数あるが、生殖補助技術の利用により、恋愛関係なしはもちろん、性行為もなしの子作りが可能になった。また、**精子、卵子、産む女性、育てる親をさまざまに組み合わせる**ことが物理的に可能となった。これらのことは、生殖補助技術それ自体の枝分かれ的な広がりをもたらした。具体的にみておこう。

> 　①**人工授精**の枝分かれとして、①-Ⅰ）**配偶者間人工授精**（AIH: Artificial insemination with Husband's sperm）と、①-Ⅱ）**非配偶者間人工授精**（AID: Artificial insemination with Donor's sperm）がある。精子提供者が夫か夫以外かにより、この二つに分類される。
> 　夫以外すなわち非配偶者の精子を利用することは別段新しいことではなく、非医療的かつ個人的な実践としても、また医療を介した人工授精

の創始期においても行われていた。夫に精子がない場合は、子が欲しければ、妻の「婚外性交渉」が秘密裏に容認されたりもした（他方で、不妊とは無関係に、夫の「婚外性交渉」はおよそ咎め受けないという不均衡もあった）。ちなみに、「婚外性交渉」をタブーとし始めたのは、近代になってからのことである。同様にロマンチックな恋愛結婚というのも、近代以降の産物に過ぎない。

②**体外受精**も同様に、②‒Ⅰ）**配偶者間体外受精**（IVF: In vitro fertilization with Husband's sperm）と、②‒Ⅱ）**非配偶者間体外受精**（IVF: In vitro fertilization with Donor's sperm）に分かれる。また、提供精子ではなく、②‒Ⅲ）提供卵子による体外受精（IVF with **Donor's egg**）も行われている。これらは必然的に先述の胚移植（Embryo transfer）と併用されるが、②‒Ⅳ）その胚自体を他者から提供してもらって移植（ET-Donor embryo）することもある。

体外受精における精子、卵子、胚の提供者が、子作りするカップル間かそうでないかによって上記のように分類される。

③やがて、**代理出産**という展開があらわれる。子作りするカップル間の女性ではなく、第三者の女性に妊娠と出産を代行してもらうのが代理出産（Surrogacy）である。利用する生殖補助技術によって大きく二つに分かれる。③‒Ⅰ）**人工授精型代理出産**（surrogate mother type）では、代理出産を依頼するカップルのうちの男性の精子を、第三者の女性の子宮に医療を介して注入し、妊娠を試みるものである（第三者の卵子と子宮を同時に利用）。カップルのうちの女性側が疾患等によって卵巣と子宮を摘出したなどの理由で、その女性の卵子が使用できず、かつその女性の妊娠が不可能である場合が対象とされる。なお、この受精卵は第三者の女性と遺伝的関係をもつ。妊娠・出産にいたった場合、生まれた子供の親は、法的諸手続きを経たのちに依頼元カップル側となる。③‒Ⅱ）**体外受精型代理出産**（host mother type）では、カップル間の精子と卵子を用いた体外受精による受精卵を、医療を介して第

三者の女性の子宮に移植し妊娠を試みる（第三者の子宮のみ利用）。カップルのうちの女性側が疾患等で子宮を摘出したなどの理由で、卵子は使えるが妊娠が不可能な場合が対象とされる。この受精卵は第三者の女性と遺伝的関係をもたない。生まれてきた子供の親は、同じく法的諸手続きを経た依頼元カップル側となる。

体外受精型代理出産はさらに分岐がある。③-Ⅱ-1）**提供卵子による場合**（**donor egg** type）と、③-Ⅱ-2）**提供卵子および提供精子による場合**である。

提供卵子の場合は、依頼カップルのうちの男性の精子と第三者の提供卵子による受精卵を、第三者の子宮に移植する（第三者Aの卵子と第三者Bの子宮を利用）。なお、第三者Aと第三者Bが同一人物の場合もある。提供卵子と提供精子による代理出産の場合は、カップルと遺伝的関係をもたない子供を第三者に妊娠・出産してもらうことになる。いずれも、生まれてきた子供の親は、法的諸手続きによって依頼元カップル側となる。

　ここまでみてきたように、生殖補助技術を用いてつくられる子供の遺伝上（または生物学上）の親は、生殖細胞の出所が誰かによる。①の場合は依頼カップルのうちの男性と代理出産者が遺伝上の親である。②の場合は、②-Ⅰ）では依頼カップル、②-Ⅱ）では依頼カップルのうちの男性と卵子提供者の女性、および②-Ⅲ）では精子提供者の男性と卵子提供者の女性となる。
　ほとんどの場合において（②-Ⅰを除く）、遺伝上の親と育てる親とで親は複数となる。とくに、代理出産③-Ⅱ-2）では、生まれた子供は合計5人の親をもつことになる（図3）。つまり、遺伝上の親である卵子と精子の提供者それぞれのほか、養育の親である依頼側カップル、産んだ女性である代理出産者の5人である。

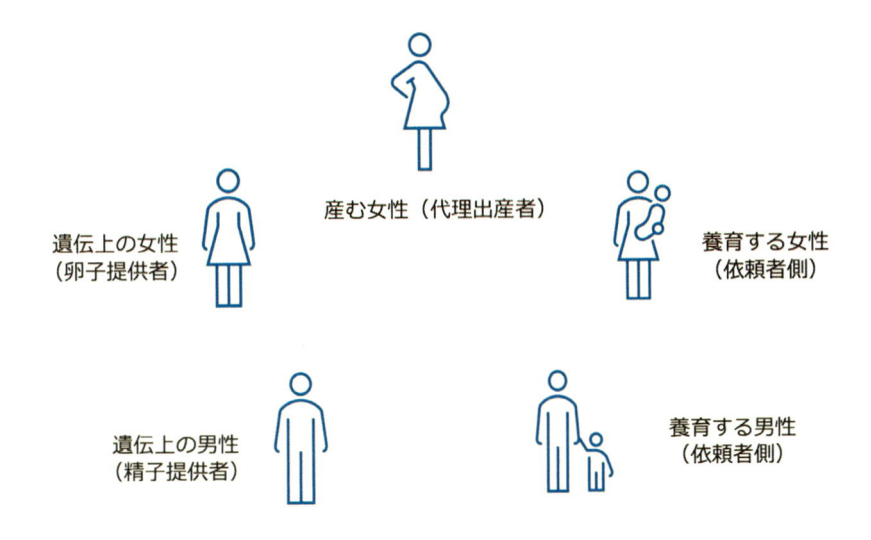

図3　生殖技術利用による5人の親の可能性

（図中ラベル：産む女性（代理出産者）／遺伝上の女性（卵子提供者）／養育する女性（依頼者側）／遺伝上の男性（精子提供者）／養育する男性（依頼者側））

3-2. 生殖補助技術の規制、利用の拡張

　他人のために妊娠および出産を代行する女性は、**代理母**と呼ばれる。もちろん当人の同意のもとであるが、他人のために心身に負担を負ってくれるような女性を人々はどう受け止めるべきなのだろうか。単純に心温まる美しい話にしてよいのだろうか。あるいは、他人に利用されているだけの「可哀想な女性」と決めつけてよいのだろうか。

　たとえば、代理出産について世界規模の注目を集めたアメリカでの事件（［コラム① ベビーM事件］参照）を契機に、1980年代以降、各国で生殖技術や親子関係および代理出産のありようが問われてきた。また、それらの規制やルール作りのありようが問われてきた。生殖補助に関わる諸技術がすでに存在していても、それを実際に利用できるかどうかはさまざまで、法律によって禁止したり制限したりする国もある[12]。その一方、ルールを超えた生殖補助技術の利用や、その欲望がますます膨らんでいくという側面もある。国内で技術利用が認められない場合は、国外で実施するということも既成事実化している[13]。他方では、生殖補助技術を利用した同性間や単身での子作りを、一定の条件下で技術的かつ法的に認める国々も現れ始めた。

　日本ではどうなのか。生殖補助技術に特化した法規制というものは、現在

のところ日本には存在しない。日本産科婦人科学会の会告（「倫理的に注意すべき事柄についての見解」）をもって、生殖補助技術実施の事実上の指針と位置付けている。それは、「誰が生殖技術を利用できるか」を定める指針である。具体的には事実婚を含めた夫婦だけが、夫婦間での体外受精を受けることができる。また、法律婚している夫婦だけが、提供精子を用いて人工授精を受けることができる。そのさい、精子提供を受けることに事前に同意した夫が、生まれてくる子の父とみなされる。日本では精子と卵子の両方の提供を受けることや代理出産は禁止されているが、いずれも法的拘束力はない。

なお、日本では生殖補助技術それ自体ではなく、それによって生まれた子との親子関係を明確にするための民法の特例法はある。すなわち、2020年の「生殖補助医療法」である。同法は第三者の提供精子による子作りに同意した男性を父親と定めるほか、第三者の卵子提供による子作りで出産した女性を母親とすると定めている。これにより、民法的親子関係を法的に明確化しただけでなく、卵子提供による子作りも法的に許容する見通しとなった。

ところで、日本では「婚姻している男女カップルでありさえすれば生殖補助技術の利用に問題はないだろう、子は幸せだろう」、と一般にはみなしていることになる。もしこのとき、婚姻男女カップルの子作りや子育てを無謬ないし模範的であるかのようにみているのであれば、あるいは民法的あるいは血縁的家族関係だけが「子の福祉」なるものに叶っているとするなら、それ自体が家族規範の重圧を反映している。果たして、人というのは「子の福祉」のために子を作るものだろうか。親になりたいという親側の願いや欲望が先行するのではないのか。このことは生殖補助技術の利用に限らず、それを用いない子作りでも同様ではないだろうか。あるいは、思いがけず妊娠した場合も含めて、その妊娠を中断しないのであれば、親になってみてもいい／産んでみてもいい、というある種の諦念かそれを超える期待や願望から子をもうけるのではないのだろうか。

家族とは何か、親子とは何か、生殖補助技術の登場によってさまざまな問いが立ち現れてくる。翻ってそれは、人々が何を恐れ何を欲望し、また何を守り何を排除しようとしているのかを浮き彫りにする。そのとき、これらを洞察するまたとない契機も立ち上がってくる（第6章参照）。

4.　生殖補助技術の予想を超えた利用

4-1.　死後生殖

　生殖補助技術を利用する過程でカップル関係を解消した場合や、一方が死亡した場合、残された生殖細胞・受精卵・胚は、一般には当人たちの子作りに用いられない。ところが、カップルの一方とくに男性が死亡した場合、残された女性が、死亡した男性の凍結保存精子または凍結保存胚を用いて妊娠したいと願うケースが出てきた。いわゆる「死後生殖」である。多くの国がこれを禁止しているが、エストニアやアイスランドなどのように、一定の条件下（生前同意のあることや期限付き）で解禁した国が少なからずある[14]。これに先立ち、死後生殖というものへの関心を集める契機となった、イスラエルでのケースがある[15]（[コラム② シャハール夫妻と死後生殖の差し止め命令] 参照）。最近でも2023年以降、イスラエル・ガザ戦争で死亡した男性に対し、その死体から精子を採取するよう、パートナーが医師へ依頼するケースが殺到しているという[16]。

　こうした死後生殖というのは、時空を超えた、「あの世」と「この世」の間での生殖ということになる。死んだ人が結婚できないように、死んだ人が子を作るということはこれまで絶対に不可能であった。しかし、体外に取り出されかつ保存された生殖細胞・受精卵・胚の存在は、死後生殖というものを物理的には可能にした。技術を用いてこれを実現したとき、果たして、死んだ人は自分の死後に子を作ることに同意していたのだろうか。懸念されてきたのは、「もし同意していなかったのなら死者を冒涜するのではないか」、あるいは「死者を親とする子が誕生するとはどういうことなのか」、といった事柄である。後者については見方を変えれば、生まれたときから、この世に存在しない死者を親にもつ子供は現実に存在する。カップル間の女性が妊娠中に男性が死亡した場合がこれにあたる。ただし、死者との婚姻届が不可能なように、死者を出生届の親欄に記載することは、各国でも法的には困難である。

　死後生殖が家業継承や遺産相続などを背景とすれば、あらたな問題も生じうるだろう。しかし、この世に残された者が強要ではなくみずからの意志で子をもうけようとしたとき、たとえば父親不在のまま母親になろうとする女性にとって、必要なのは精子であって他界した男性ではない。現に、イギリスやフランスなどでは、生殖補助技術それ自体の法的な利用要件に、男性な

いし父親を必須としなくなった[17]。たとえば単身女性や女性カップルが、生まれたときから父親の存在しない子供を技術経由でもうけることが可能なのである。

いうまでもないが自然生殖においても、カップル関係の解消や「婚外子」[18]などのように、生まれたときから父親または母親のいない子供は存在するし、稀なわけでもない。いずれにせよ、生まれてきた子にとっては父親的存在が必要な場合もあるだろうが、そもそも産まない男性が親になる／なれるのは、家族や親子をめぐる諸制度に依拠しているからにすぎないとする見方もある（法的父子関係は、男性が子を認知することでしか発生しない仕組み）。

4-2. 卵子核移植（ミトコンドリア置換）

この技術は体外受精に先立ち、妊娠を試みる女性当人の卵子と他人からの提供卵子を用意して、卵子の核を入れ替えるものである。卵子核移植と呼ばれるが精確には、提供卵子の**細胞質**の利用こそが目的である（図4）。まず、他人の卵子の核を除去しておいたうえで、その細胞質に自分の卵子の核を入れる。次に、その他人由来の卵子を用いて体外受精を行うのである。端的には自分の卵子の細胞質を脱ぎ捨て、核ひとつで他人の卵子の細胞質に移るわけである。顕微授精の技術を応用しているのだが、ほとんど生殖工学の域に入っている。

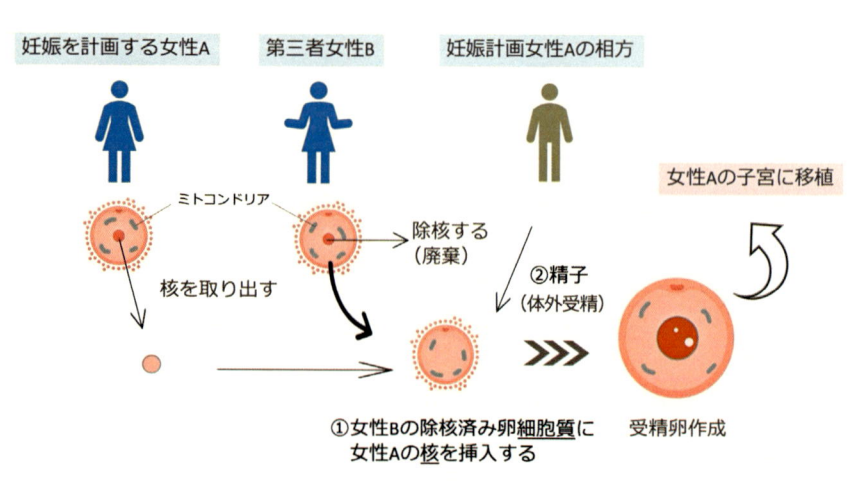

図4 卵子核移植（ミトコンドリア置換）

　この技術を利用できるのは、ミトコンドリア病と総称される病気をもった女性である。この病気は細胞質にあるミトコンドリア[19]の機能低下を原因とし、神経や筋肉、心臓などに重大な影響をおよぼすもので、子に遺伝する可能性がある。これを回避したいと考える場合、技術を利用して、病気のない他人の生殖細胞の細胞質と入れ替えるのである。このことから、正式にはミトコンドリア置換 (mitochondrial replacement) という。卵子核移植は、生命科学技術を寄せ集めた諸技術のうちの１ツールである（第１章参照）と同時に、クローン技術のうちのひとつでもある（第５章参照）。

　ところで、核自体は自分のものを使うので、他人の卵子の細胞質に乗り換えても遺伝情報は変わらないはずであるが、実はそうではない。ミトコンドリアにもわずか0.1％ほどの遺伝情報が含まれており、ミトコンドリアDNA（mtDNA）として存在する。よって、ミトコンドリア置換を経て受精卵をつくった場合、その受精卵の遺伝情報は３人（母方の核DNA・父方の核DNA・卵子提供女性方のmtDNA）から構成されることになる。遺伝上の親は３人ということになり問題視されているが、遺伝的ないし生物学的に、その個体の何がどう問題であるのかはさほどわかっていない。

　この技術は1990年代後半にアメリカで開発されると、各国に静かに広まり、世界ではすでに数十人の子供が誕生しているという[20]。しかし、アメリカでは2002年になって、この技術の安全性と倫理的懸念を理由にアメリカ食品医薬品局（FDA）から中止要請されている。他方、イギリスの規制当局は数回にわたる専門家レビューを経て、「技術に危険性があるとはいえない」と結論付けた。また2015年に合法化のもと、医学的理由に限り実施を認可した。2023年、イギリスはこの技術によって子が生まれたことを公表している。

　遺伝上という観点にこだわらなければ、ミトコンドリア置換とは無関係に、養親含めて親が３人以上いる子供は現に存在してきたし、存在している。一方、子と自分との遺伝的繋がりを重視しながら遺伝病を回避する、というアクロバティックな目的を実現しようとするのがこのミトコンドリア置換の技術である。他方で、mtDNAは生物学的には母系集団で継承する特徴をもつ[21]。このため、ミトコンドリア置換した場合、母方でこれまで世代ごとに継承してきたmtDNAはそこで断絶し、生まれた子と母方mtDNAの遺伝的関係性もなきものとなる。生まれた子がこのとき継承しているのは、

遺伝的父母方の核DNAと他の母系集団のmtDNAだからである。母方mtDNAの繋がりや断絶の意味については、核DNAの繋がりや断絶の意味ほどには多く議論されていない[22]。

4-3. ドナー・ベビー

　生殖補助技術を用いるさい、身体的・遺伝的性質を親好みにデザインしてつくられた子供はデザイナー・ベビーと総称される。そのひとつが「ドナー・ベビー（donor baby）」である。先に生まれている子（姉・兄）の病気を治療するために、ドナーとしての子（妹・弟）をあらたにつくるのである。血縁関係のあるドナーということになり、「救世主きょうだい（saviour sibling）」と呼ばれるほか、メディアでは批判的意味合いで「スペア部品（spare parts）」などと表現されることもある。

　体外受精における受精卵の特定の遺伝子型に注目し、その型をもつ胚だけを選んで妊娠に用いるやり方である。たとえば、先に生まれた子が血液のがんを患っている場合、その子のHLA型（ヒト白血球抗原の型）と適合する子があらたに誕生すれば、その子の骨髄を移植に用いることができる。血液のがんは、血液をつくる骨髄などの移植が治療過程で絶対に必要となるのだが、当人の遺伝子型に合致するドナーを見つけるのは極めて困難である。いつ見つかるかわからないドナーを漫然と待ち続けるよりも、型の合致するきょうだいをつくって、治療を進めようとするのがこの方法である。

　しかしこれは、先に生まれた子またはその親側の目線——あるいは技術の応用を提案した医療者側の目線——であり、後に生まれる子の目線は完全に無視されている。親はこのとき、単に子供が欲しいのではなく、先に生まれた子の治療に向けた「手段としての子供」が欲しいのである。この問題について、アメリカの現実社会をモデルとした小説、*My Sister's Keeper*（邦題：『わたしのなかのあなた』）[23]がよく知られている。そこでは、体外受精に続いて受精卵診断という技術を組み合わせることの問題や、こうしてつくられた子供にドナーとして骨髄や臓器を提供する義務を生まれつき負わせようとすることの問題を浮き彫りにしている。親の生殖の権利や自由と、それによって生まれた子の権利や自由とが対立する事態は、移植を必要とする姉や兄を前にして抜き差しならぬ状態を生じさせる。

コラム 1

ベビー M 事件

　1986 年にアメリカで起きた、代理出産依頼者カップルと代理出産者との間の親権争い。代理出産斡旋業者を介し、依頼者側に圧倒的に有利な契約のもと遂行されていた。代理出産というものについて全米はもとより国外からも広く注目を集めたのは、人工授精で代理出産した女性が、生まれた子供を依頼者カップルに引き渡さず、3 ヶ月間逃走したケースであったことによる。人工授精型なので代理出産者の卵子と子宮を用いており、遺伝上にも生物学上にも、一義的には代理出産者が母親である。ただし、遺伝上の父親が依頼者側カップルの男性であることに違いはない。このことから「誰が親なのか」をめぐり、法廷で熾烈な論争が展開された。裕福な依頼者側カップルはやり手の弁護士を雇い、あろうことか代理出産者の母親としての適性やメンタルに矛先を向ける手法で争った。

　最高裁判決で下されたのは、「代理出産契約は法的に無効、代理出産産業は子供の売買に相当する」という内容である。出産者が母親であり、親権をもつことが確定した。とはいえ、これで落着したわけではなかった。元来カップルではない出産者と依頼者側男性との間で子を育てることは困難なため、裁判所はこの二人のどちらに養育権を与えるかを決めなければならなかった。結局、「子の最善の利益」という概念を持ち出し、経済的に裕福な依頼者側に養育権が与えられた。事実上、生まれた子は依頼者側の家の子になり、代理出産者は母親であっても「訪問権」のみ付与された。つまり、代理出産者は裁判に負けたのと同じ帰結となった。

コラム 2

シャハール夫妻と死後生殖の差し止め命令

　2012 年、イスラエルに住むシャハール夫妻のケースである。同夫妻は事故で死亡した息子の精子を自分たち親の希望で採取したうえで、提供卵子と代理出産により子を産んでもらう計画を立てた。なお、死亡した息子のパートナーは、死者の精子を用いてみずからで子作りすることを拒否していた（もちろん、

そのような義務などない）。シャハール夫妻は代理出産依頼計画の実施に向けて、まずは医療者を介して死体から精子採取を行った。次に、同夫妻は裁判に訴えた。イスラエルでは、死者の両親による子作りは認めていないためである。しかし最終的には、保存精子へのアクセス含む当該計画の遂行について、2017年に裁判所より差し止め命令が出された[24]。この計画が最後まで実行されれば、生まれた子は「父死亡・母匿名」の環境に置かれざるをえないことによる。もちろん、祖父母である同夫妻の実子にすることもできない。

　実はイスラエルでは 2003 年から、カップル間の凍結保存精子を用いて、男性パートナー死亡後の女性パートナーに対する人工授精および体外受精が合法化されていた（カップル間の凍結胚なら男性の死後一年以内に限る）。この場合は〈子〉をつくる計画であるが、シャハール夫妻の場合は現実には〈孫〉を作る計画となり、世代を飛び越えた生殖であることから認められなかったのである。

註

1) 生殖技術の一部が生殖補助技術である。生殖技術とは、生殖を管理および介入するすべての技術をいう。医療と関連づけることが多く、①避妊や人工妊娠中絶、②排卵誘発や陣痛促進などの薬剤、体外受精などの生殖補助技術、③出生前検査や着床前検査・診断に分類できる（柘植 2012: v-vi）。

2) ハンターの死後、義弟のエバラード・ホームが「英国王立協会会報」でハンターの実験と結果を報告した。

3) 通称「2022 年 ART データブック」、正式名称「2022 年体外受精・胚移植等の臨床実施成績」における、「表 7 新鮮胚（卵）を用いた治療成績［2022 年］」・「表 8 凍結胚を用いた治療成績［2022 年］」より。

4) マウスでの実験によれば、受精に向けての精子の形態変化（先体反応）自体が、卵子の透明帯の成分によって誘導されるという報告もある（柴原・森本・京野編 2012: 6）。

5) 1 個の卵子に複数の精子が入る多精子受精は、その後の細胞分裂や核の数に問題が起こる。この受精卵は子供にも双子にもならない。ちなみに、一卵性双生児は 1 個の卵子と 1 個の精子による受精卵をもとにし、この受精卵が細胞分裂の最中にきっちりふたつに別れてそれぞれが子供になる（遺伝子はほぼ同じで、性別も同じの互いにそっくりの双子）。二卵性双生児は、2 個の卵子がそれぞれ、精子 1 個ずつと受精してできたふたつの受精卵からなる（遺伝子はほぼ 50% 同じ）。

6) 3）の「2022 年 ART データブック」に同じ。

7)　治療周期数とは、毎月の月経周期に合わせた治療周期 1 回ごとの、のべ総数である。

8)　「2022 年 ART データブック」における「ART 治療周期数」より。

9)　「2022 年 ART データブック」における「表 8 凍結胚を用いた治療成績〔2022 年〕」より。

10)　「2022 年 ART データブック」における「年別 周期数」の出生数の総計。

11)　ガラス化法によって、とりわけ繊細な卵子を未受精のまま単独で冷凍および解凍が可能になった。

12)　たとえば、アメリカでは、生命の始まりやその人為的な中断（人工妊娠中絶）をめぐる問題は大統領選の争点に必ず盛り込まれる。それらの問題は生殖補助技術含め、常に政治的・社会的論争の的になり続けている。そのため連邦レベルでの規制には消極的で、各州レベルでの法律や裁判所判例による判断に依拠している。代理出産まで含めた生殖補助技術の利用を認めるかどうかや、法的な親子関係の確定などがこれにあたるが、対応や可否の基準は州ごとに異なっている。アメリカは多くの場合、問題が起こってから裁判で決着をつけようとする傾向にある。

これに対し、ヨーロッパでは一般に法律などで生殖補助技術の運用に規制をかけ、規定内での利用に限定されている。たとえばフランスでは、通称「生命倫理法」（1994 年制定、2004 年・2011 年・2021 年改正）によって、生殖補助技術の利用対象者や親子関係があらかじめ定められている。配偶者や受精卵の提供者は生まれた子の親になることはできないし、反対に、それらの提供を受けて子を得ることに同意したカップルは生まれた子の親になることを拒否できない。また、代理出産契約は無効で、代理出産の仲介は刑事罰の対象になっている。加えて、フランスでは生殖補助技術運用当初、結婚または事実婚していて、生殖可能な年齢にある男女だけが技術を受けられると定めていたが、最近の法改正で利用対象が広げられた。具体的には、女性カップル（婚姻の有無を問わない）のほか、単身女性が精子提供を受けて子を持つことが認められた。なお、フランスは 2013 年に同性婚を合法化している。

13)　日本において、国外での代理出産利用（体外受精型）をあえて公にした向井亜紀氏がよく知られる。自分たちカップル間の配偶子使用という血縁へのこだわりは強かったにしろ、事実を公にしたのは、生まれた子供たち（双子）に嘘をつかないあり方を模索したものと読み取れる。なお、品川区役所で出生にかかわる届けが受理されなかったのは、アメリカでの代理出産依頼に伴う向井夫妻と子との親子関係を確定したネバダ州判決を、同区や法務省が無効としたことによる。

14)　林（2010）参照。

15)　ユニ（2018）参照。

16)　Ghert-Zand（2023）参照。

17)　林（2010）、石原（2016）参照。

18)　たとえば、こんにちのフランスでは、生まれた子供の 60% が「婚外子」である。1970 年代以降から継続的に進められてきた家族法の改革により、親の婚姻の有無が子との親子関係に影響しなくなった（差別の法的システムの解消）。このことから、非婚カップルまたは事実婚など脱結婚の現象が浸透しつつある。結婚は社会の規範ではなくなり、ま

た親子関係では父権に代わって親権が導入され、カップル間の対等な関係性に重心が移行している（テリー 2018）。

19) 疾患の有無にかかわらず、ミトコンドリアは体細胞のほか生殖細胞（卵子や精子）にも存在する。ミトコンドリアの DNA（mtDNA）は母系遺伝であり、父方からは遺伝しない。父方ミトコンドリアは、哺乳類では受精後に分解され消失する。真剣に「血統」なるものを継承しようとするなら母系に限られるだろう。註21) も参照。

20) Pritchard（2014）参照。

21) ヒトについて、mtDNA すなわち母系祖先を遡って辿り、人類のルーツを明らかにしたカリフォルニア大学のグループによる研究成果がある（Cann et al. 1987）。mtDNA に依拠して辿り着いた、現生人類の共通女系祖先のサンプルを「ミトコンドリア・イブ」と通称し、アフリカ単一起源説の有力な根拠のひとつとしている。広く支持もされている。

22) ミトコンドリア置換をめぐる倫理的問題の所在や見取り図は、伊吹（2016）に詳しい。

23) ジョディ・ピコーによるこの小説は 2004 年にアメリカで出版され、2006 年に邦訳されている。2009 年にはアメリカで映画化された。なお、原作と映画版は結末が異なる。

24) Sharon（2017）参照。

参考文献

Cann, R.-L., M. Stoneking et A.-C. Wilson, 1987, "Mitochondrial DNA and human evolution," *Nature*, 325: 31–36.

Ghert-Zand, R., 2023, "Embryologists inundated with requests for sperm retrieval from the fallen and dead," *The Times of Israel*, 12 October.
https://www.timesofisrael.com/embryologists-inundated-with-requests-for-sperm-retrieval-from-the-fallen-and-dead/（2024 年 3 月 17 日最終閲覧）

林かおり，2010「海外における生殖補助医療法の現状──死後生殖、代理懐胎、子どもの出自を知る権利をめぐって」『外国の立法』243: 99–136.

Home, E., 1799, "An Account of the Dissection of an Hermaphrodite Dog. To Which Are Prefixed, Some Observations on Hermaphrodites in General," *Philosophical Transactions of the Royal Society of London*, 89: 157–178.

伊吹友秀，2016「ミトコンドリア置換における『3 人の遺伝的親』の問題についての生命倫理学的考察」『生命倫理』26: 124–133.

石原理，2016『生殖医療の衝撃』講談社現代新書.［本章第 2 節の内容の詳細］

日本産科婦人科学会，2024「2022 年体外受精・胚移植等の臨床実施成績」
https://www.jsog.or.jp/medical/641/, https://www.jsog.or.jp/activity/art/2022_JSOG-ART.pdf（2024 年 9 月 30 日最終閲覧）

Pritchard, C., 2014, "The girl with three biological parents," *BBC NEWS*, 1st September.
https://www.bbc.com/news/magazine-28986843（2024 年 3 月 20 日最終閲覧）

Sharon, J., 2017, "Supreme Court prevents use of dead soldier's sperm," *The Jerusalem Post*, 4 April. https://www.jpost.com/israel-news/supreme-court-prevents-useof-dead-soldiers-sperm-486082（2024 年 3 月 20 日最終閲覧）

柴原浩章・森本義晴・京野廣一編，2012『図説よくわかる臨床不妊症学　生殖補助医療編　第 2 版』中外医学社.

霜田求，2009「『救いの弟妹』か『スペア部品』か──『ドナー・ベビー』の倫理学的考察」『医療・生命と倫理・社会』8: 17-27.

玉井真理子・大谷いずみ編，2011『はじめて出会う生命倫理』有斐閣アルマ．［注 12）の内容の詳細］

辻村みよ子，2012『代理母問題を考える』岩波ジュニア新書.

アサフ・ユニ，2018「死んだ息子の精子で孫を　イスラエルで増える遺体からの精子採取」『ニューズウィーク日本版』3 月 16 日.
　　https://www.newsweekjapan.jp/stories/world/2018/03/post-9757_2.php（2024 年 3 月 20 日最終閲覧）

読書案内

林真理，2002『操作される生命──科学的言説の政治学』NTT 出版.

小泉カツミ，2001『産めない母と産みの母──代理出産という選択』竹内書房新社.

ポール・ノフラー［中山潤一訳］，2017『デザイナー・ベビー──ゲノム編集によって迫られる選択』丸善出版.

ジャン＝フランソワ・マテイ［浅野素女訳］，1995『人工生殖のなかの子どもたち──生命倫理と生殖技術革命』築地書館.

向井亜紀，2004『会いたかった──代理母出産という選択』幻冬舎.

大野和基，2009『代理出産──生殖ビジネスと命の尊厳』集英社新書.

ジョディ・ピコー［川副智子訳］，2006『わたしのなかのあなた』早川書房.

イレーヌ・テリー［石田久仁子・井上たか子訳］，2018『フランスの同性婚と親子関係──ジェンダー平等と結婚・家族の変容』明石書店.

柘植あづみ，2012『生殖技術──不妊治療と再生医療は社会に何をもたらすか』みすず書房.

由井秀樹，2015『人工授精の近代──戦後の「家族」と医療・技術』青弓社.

第 5 章

クローン技術：受精卵クローニング、体細胞クローニング

本章では、生物に対する人為的介入について別の側面から注目する。ここでとりあげるのはクローニングである。この技術は、体外受精など生殖補助技術に関連した知見や手技を、実験的に応用しながら開発されていったものである。一般にクローン技術と呼ばれるが、基本的手技としてはひとつの細胞または個体をもとにして、同一の遺伝情報をもったクローン細胞やクローン個体をつくる技術である。さらには、そうした細胞や個体を増やす技術である。

「クローン」の語源はギリシャ語の〈小枝〉にある。ひとつの樹木から切断した小枝を挿し木によって育成すれば、もとの樹木とは独立しながらも、同じ性質をもった新個体を得られることに由来している。このことと、ヒト含む動物はどのように関係していったのだろうか。

1. クローン技術前史

クローン技術も、それ自体を登場させようと首尾よく開発されたわけではない。まずは発生学的研究と畜産学的応用のなかで、後にそう呼ばれることになるクローン技術の萌芽が育まれていったのである。なお、発生学の歴史は古く、古代ギリシャの時代ですでにニワトリの胚が観察されている。かのアリストテレスが、ニワトリの卵の殻を部分的に開口して、20 日以上にわたり経時的に観察および記録したことがよく知られる。

発生学とは胚の発生を研究する学問で、生物の個体発生を研究対象とする。単に観察するに留まらず、発生過程を操作または制御する技術研究が 19 世紀より行われていた。そのとき用いられた動物は、ウニ（棘皮動物）やカエル（両生類）であった。いずれも卵が大きく丈夫で、顕微鏡下で扱いやすいからである。また哺乳類と異なり、受精が体外でなされる生物なので、胚の発生観察や培養が容易なためである。とくに両生類は脊椎動物であることから、ヒト含む哺乳類の発生を考えるさいの参考とされた。とはいえ、実際に哺乳類の発生研究が行われるには、卵や胚を感染から守るための抗生物

質を用いた培養技術の進展を待つ必要があった。

　哺乳類の初期発生の研究は、第二次世界大戦後の 1950 年代から 1960 年代にかけて実施されていく。当初は、本来なら体内で行われる哺乳類の発生プロセスを体外で観察することそのものが目的であったが、後に畜産における体外受精卵の培養に応用されていく。発生学における受精卵操作の研究は、畜産学の研究および実践と結びつくことで進展していったのである。両者は互いに、文字通りタイアップの関係にあったといえよう。

　こうした背景のもとにクローン技術は模索されていき、20 世紀末になると医療での応用可能性——その願望ないし野心というべきかもしれない——を見出され、さまざまに注目を集めていくことになる。

2. 受精卵クローニング

　クローニングは大きく二つの方法があり、ひとつが受精卵クローニング、もうひとつが体細胞クローニングである。クローン技術はまず受精卵クローニングから模索されていった。やはり、扱いやすい両生類が選ばれることになる。研究初期は個体を増やすというよりも、遺伝的に同じ個体をいかにして人工的につくれるかに焦点が当てられた。

　この受精卵クローニングも二通りある。いずれも 1950 年代にアメリカやポーランドで発表された。

　一方が**胚分割クローニング**[1] で、動物の発生初期（2 細胞期）の受精卵に直接かつ物理的な操作を加え、人為的に分割して一卵性双生児を作り出す方法である（図1）。人工的な一卵双生児という点で、クローンと同じといえよう。

　もう一方が**核移植クローニング**[2] で、受精卵の卵割後の**割球**からそれぞれ核だけを取り出し、それぞれ別の卵細胞に移植[3] する方法である（図2）。もちろん、移植先のすべての卵細胞はあらかじめ除核しておく。こうすることで、DNA を含む核が同一、すなわち遺伝的に同一とされる新しい胚をつくることができる。

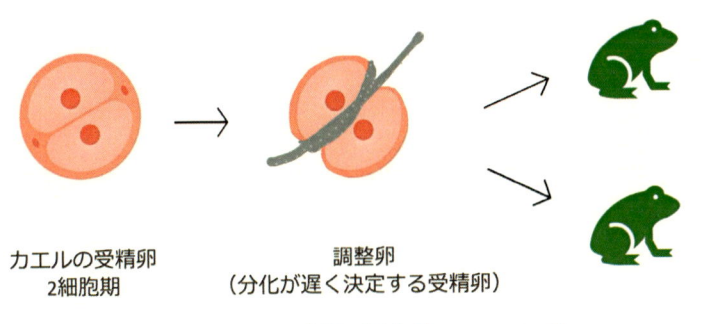

図1　両生類の胚分割クローニング

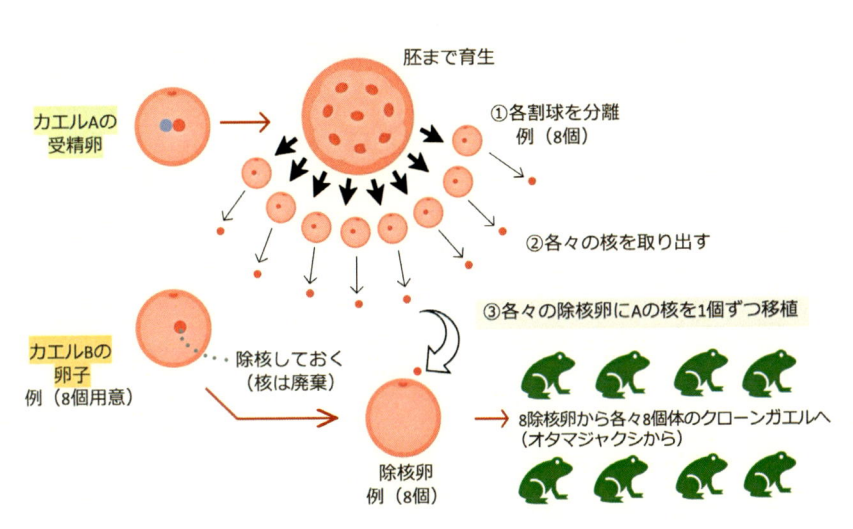

図2　両生類の核移植クローニング

　ところで、受精卵クローニングのなかでも胚分割クローニングが注目していたのは、分化についてである。解明すべき謎は、受精卵が分裂していくときのその胚細胞はいったいいつ分化が始まるのか、という点である。細胞の分化とは、元は単一であったものが複雑化したり異質化したりしていくプロセスをいう。具体的には、受精卵が分裂したときの胚細胞が、筋や神経や皮膚などの特定の機能をもつ細胞に変化することである（第2章・第3章参

照）。図 1 から分かるように、受精卵が分裂し始めた 2 細胞期に外部から強制的に分離させたのにもかかわらず、遺伝的にまったく同じ受精卵が二つできたわけである。そして、それぞれの細胞がそれぞれの一個体になったのである。当時分かったことは、受精卵の 2 細胞期・4 細胞期・8 細胞期までの分離であれば、それぞれの細胞は個々に完全な一つの受精卵として生長していくことである[4]。この能力をもつ受精卵を**調整卵**[5]といい、受精卵が調整卵であるかどうかは生物の種類によって異なる。すなわち、分化という発生運命が比較的遅く決定する生物の受精卵が、調整卵である。現在では、たとえばヒトの場合なら、受精卵が桑実胚（16 から 32 個まで分裂した受精卵）になる頃に分化が始まることが分かっている。

　ここで重要なのは、一般に 2 細胞期・4 細胞期・8 細胞期までの胚細胞なら、まだ将来の運命――生物個体の身体のどの組織になるか――が決定づけられていないということである。別のいい方をすれば、発生学や畜産学等の研究過程において生物の調整卵の能力を利用すれば、**一方向であるはずの生物の発生を、ある時期までは人為的に遡って初期状態に戻すことができる**ということである。これはその後のバイオテクノロジーとおおいに関与していくことになる。なお、一方向とは逆戻りしないことであり、細胞の元来有している性質、すなわちいずれ必ず迎えるその死まで経時的に生き続ける・加齢し続けるという一方向性を意味する。

　1980 年代を通して、受精卵クローニングは核移植に重点が置かれ、その研究対象も両生類からマウス、ウサギ、ヒツジ、ウシ、ブタなどに移行していくことになる。しかし、胚細胞をもとにしたクローン胚は、そもそも卵割には数の限界があるため、せいぜい数個までしか作出することができない。次の課題は、いかにして数の限界を超え多数のクローン胚を作出するかであった。ちなみにどのようにしてクローン胚をつくろうとも、齧歯類や哺乳類の場合は両生類と異なり、個体産出のためには雌個体の子宮への胚移植が絶対に必要となってくる。

3. 体細胞クローニング

　体細胞とは、特定の細胞や組織や器官にすでに分化した細胞である。受精卵や胚細胞と違って、体細胞はいつでも入手可能であり、しかも無数にある。

ならば受精卵ではなく、体細胞からクローンを作ることはできないか。これは、数の限界を超えるための挑戦でもあった。

　実は、1962年にはイギリスで、両生類の体細胞クローンが現実化していた。オタマジャクシの体細胞（小腸上皮細胞）から核を取り出し、それを別のカエルの除核済み卵子に注入したのである。その後発生が起こり、オタマジャクシにまでは生長したが、大人のカエルには至らなかった[6]。それでもこの研究結果が示したのは、すでに分化しきった体細胞の核であっても、人為的介入があれば、一定程度まで遡りあらたな個体を発生する能力をもつ——分化前の初期状態に再プログラムできる——という点である（[コラム① 細胞の分化と不活性性化の関係] 参照）。

　やがて、哺乳類の体細胞でもクローニングが試みられていく。これと並行して、あるいはまったく別の側面から模索されていたのが、1）特殊な細胞の培養技術、2）継代クローン作出、3）ES細胞発見である。順にみていこう。まず培養技術の高度化のひとつに、**細胞株**（Cell line）の樹立がある。生体から採取した細胞を、一定の性質を保持したまま自己複製および培養できる状態にするものである。後述するクローンヒツジの誕生（命名ドリー）の1年前、つまり1995年には、すでにヒツジの培養細胞を用いて多数のクローンを作る技術が発表されていた[7]。細胞株の細胞から核移植し、できたクローン胚を雌個体の子宮に移植して、哺乳類の子を誕生させた最初の例である。ただし、このときまだ体細胞は用いられていなかった。しかし、細胞株からクローンが作れるという事実は、遺伝的同一の個体を非常に多く作るという課題に対する画期的な発見であった。

　次に、**継代クローン**とは、クローンのクローンを作る方法であり、具体的には胚細胞クローンでできた胚を、ドナーとして用いる（核移植）ものである。いわばコピーのコピーであるため、代を重ねるほど成功率は下がるという問題が残る。

　そして、**ES細胞**とは、**胚性幹細胞**（Embryonic stem cells）であり、受精卵の初期胚の細胞と同様にさまざまな分化可能性（多能性）をもっている。こうした細胞と機能を、1981年に**マーティン・エバンズ**（イギリスの生物科学者）がマウスで最初に明らかにした。この細胞を人工的に作る研究も進められ、1981年にマウスで、1998年にはヒトでES細胞の作成に成功している。ES細胞は後に、遺伝的に同一の個体を多数作ることや、遺伝的に

同じ組織や臓器を作ることに深く関与していくことになる。これらについては本書続編で扱う。

　体細胞クローニングで決定的に重要とされたのは、核を取り出す前の細胞（ドナー細胞）と、核の移植先となる細胞（除核細胞）の**細胞周期**を合わせることであった。細胞分裂には周期があり、分裂から分裂までの1サイクルを細胞周期という。それがDNA合成期・分裂期・休止期のどのステージであるか、ドナー細胞と除核細胞の両者で見極め、一致させるのである。これに伴い、細胞周期を制御するさまざまな因子の解明も進められた。そして、周期を休止期に調整した細胞を用いる方法も考案された。体細胞クローニングもまた、複数の技術の寄せ集めに加え、上記の試みから見出されたひとつの方法なのである。特記すべきは、体細胞クローニングでは雄が不要な点である（次章で扱う）。ただし、雌の個体は複数必要であり、文字通り「生殖機械／繁殖器」として使用されることになる。

4. 哺乳類での体細胞クローンの実現、クローンヒツジのドリー誕生

　1996年は、イギリスのロスリン研究所でクローンヒツジの**ドリー**（雌）が誕生した年である[8]。この研究実績は、**キース・キャンベル**（生物学者）と**イアン・ウィルムット**（発生学者）らによるものであり、翌1997年2月にネイチャー誌上で報告された[9]。**細胞融合**を用いた、核移植による体細胞クローニングである[10]（[コラム② 細胞融合は自然界でも日常的に起こる]参照）。このときの具体的な手順は以下である（図3）。まず、ヒツジの体細胞（乳腺細胞）の核を、別のヒツジの除核卵子に電気を用いて細胞融合させる。この細胞融合を**電気融合**[11]という。こうしてできた細胞は、工学的につくられた初期胚細胞ということになる。次に、この初期胚細胞を、子宮内移植に先立って一定程度育てなければならない。そのさい、シャーレ内より卵管を利用したほうが成功率が高いことが分かっていたため、便宜上、この胚細胞をさらに別の個体の輸卵管内に一旦移植し、じゅうぶんに安定した胚にまで生長させる手順をとる。その後、これを取り出してまた別の個体の子宮へ移植し、妊娠・出産させたというものである。

　哺乳類でのこのクローニングは、先述した1962年の両生類の体細胞クローンと原理的には大きな違いはない（第3節）。しかし、ドリー誕生まで

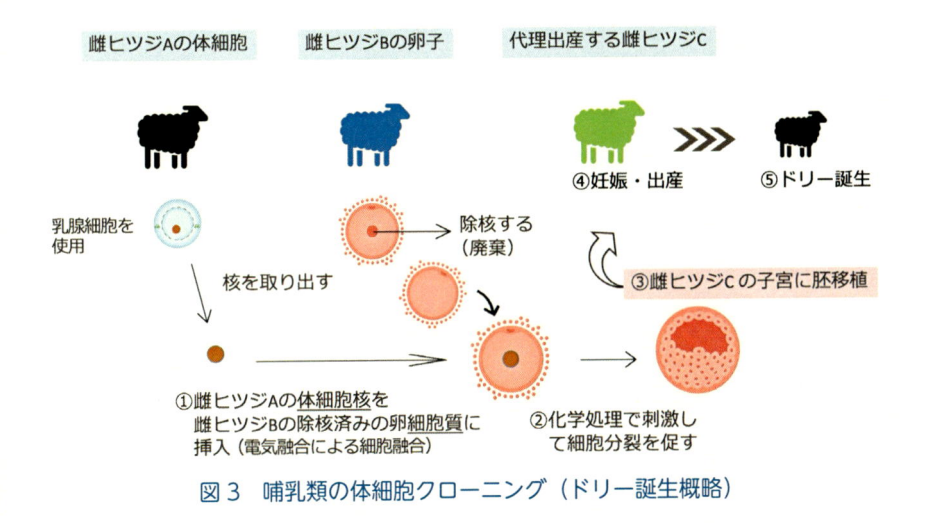

図3　哺乳類の体細胞クローニング（ドリー誕生概略）

のプロセスは容易ではなかった。およそ 400 例試したうちのたった一例しか成功しなかったのである。成功率はわずか 0.3% だった。具体的には、卵子を 400 個ほども使用したわけであるが、細胞融合に成功した 300 個弱の細胞のうち、胚にまで育ったのは 30 個弱である。これを 13 頭の雌ヒツジの子宮へ移植すると、妊娠したのはドリーを宿した一頭だけだったのだ。

　ところで、ドリーは大型哺乳類における体細胞クローンの世界初の成功例であったが、5 歳頃から関節や骨格に不調をきたし、まもなく肺炎となって、最終的に「安楽死」させられた。6 歳だった。その間、ドリーは妊娠・出産もしており、もちろん人為的になされたものである。ドリーが雌であるのは偶然ではなく、クローン個体の繁殖可能性をもって、体細胞クローニング成功の指標としようとしていたことは間違いないだろう。しかし、なぜドリーの健康状態が悪化していったのか、このこととクローンであることとの関係性はどうなのかは明らかにされていなかった（[コラム③　細胞分裂の回数券、テロメア] 参照）。

　その後の各国での研究により、体細胞クローン胚の多くは、発生初期に染色体や遺伝子の不具合で多くが死滅すること、生き残った胚もほとんどが胎児期に死亡または流産することが分かってきた。運よく誕生しても、さまざまな「異常」によって短命となることが報告されている。その原因のひとつに考えられているのは、有性生殖を経ない体細胞クローン動物において、遺

伝子発現にかかわるインプリンティング[12] が崩壊ないし誤作動していることである。これにより、ある遺伝子が有性生殖で生まれた動物よりも強く発現しすぎたり弱く発現しすぎたりするという。これが、クローン動物の死亡率や先天障害に関与すると考えられている。その一方、生存にいたったクローン動物は繁殖能力を有していて、その子孫にはクローン動物でみられるような「異常」は伝達されないという報告もある[13]。いずれにせよ、体細胞クローン動物がほとんどまぐれで生まれてくることことができているその理由は何であるかは、解明されていない。また、そうして生まれた多くの動物の健康状態については、事例ごとの断片的な情報の集積しか得られていない。

5. クローン技術の進展を導く動機

　第1節で述べたように、クローン技術は発生学研究と畜産学的応用の過程で萌芽的に見出されたものである。クローン技術はそれ自体が単独のテクノロジーなのではなく、さまざまな方法や手技の寄せ集めというべきものである。その研究や推進に向けた動機のひとつは、畜産業界の抱く期待であり、人間たちが好む肉や乳を産出する家畜の増産である。しかし、ドリー誕生でみたように、哺乳類の体細胞クローニングは成功率が相当低い。また、食用としてのクローン動物も食の「安全性」に問題があるとして、その肉や乳の市場化は世界的にも行われていないとされる。食用として流通しているのは、受精卵クローニングによる動物である。ただし、ドリーを誕生させたロスリン研究所では、当時の主要な目的は食用家畜の量産などではなかった。ゆくゆくは医薬品として利用可能な物質（特定のタンパク質）を生産するトランスジェニック動物——医薬品を生産する生体動物——の量産をめざそうとしていた[14]。

　もちろん、畜産以外にもクローン技術の進展を導く動機があった。ほかならぬ科学的関心である。いかにして遺伝的に同一の個体をつくることができるかという問いに先だって、そもそも細胞分化のプロセスはどのように起こるのか、それは何によってコントロールされているのか（核の遺伝情報なのか、細胞全体なのか）という問いの解明こそが研究を牽引した。こうした研究は、核移植を初めとする生物の発生過程への介入によって、始まりや停止や移行などといった変化の時期や契機を捉え、発生機序そのものを読み解く

手がかりを得ることになる。クローン技術とはつまり、**発生工学**と呼ばれる一連の手法のひとつである。

　他方で、こうした科学研究を支えていたのは、実際には研究それ自体の実用的な側面への関心であった。たとえば第2節でみたように、カエルの受精卵を強制的に二分割して遺伝的に同一の「人工一卵性双生児」を作るよりも（胚分割クローニング）、受精卵から胚になったときの細胞集団からそれぞれ核を取り出し、これを別の除核した卵子にそれぞれ注入したほうが（核移植クローニング）、遺伝的に同一の個体数が断然多くなる。これによって、同一モデルの細胞や個体を多くつくることができ、またこれらを用いて多くの実験や比較を可能とさせ、研究上都合がよくなる。さらには、特定の胚自体を培養（たとえば細胞株）やクローニングによって増やすことができれば、理論上は無限に遺伝的同一個体を作り続けることができる。たとえば林（2002）は、そこに、クローン技術や核移植の「応用可能性」が研究者らによって方便的に創設されていったと指摘する。というのも、これを引き合いに、さまざまな研究者たちがクローン研究の正当化や合理化、および関連する研究領域の拡大に向かうことを可能にしたからだ。そこには、バイオ産業、医薬品製造、特許取得といった研究者個人や企業利益の企てのほか、研究資金を集めるための宣伝やネットワーク、科学と政策の繋がり、研究者と企業家の共存関係なども絡んでくる。

　ドリー誕生以降、ロスリン研究所では、1997年7月にすでにトランスジェニック動物を誕生させている。生まれたのは**ポリー**と名付けられたクローンヒツジで、ヒツジ胎児の細胞を用いてつくられた。このとき使用した細胞には、クローン技術と遺伝子組換え技術を併用したうえに、ヒト遺伝子が組み込まれていた。このヒト遺伝子とは、血友病の治療に必要なタンパク質を合成する遺伝子であった。最終的にトランスジェニック動物の乳汁から医薬品を分泌させようとしたもので、医薬品開発の実現可能性として注目を集めた。

　日本でも1998年に、世界初のウシの体細胞を用いたクローンウシが誕生している。アメリカでは2001年、アドバンスト・セル・テクノロジー社が明らかにしたのは、ヒトの体細胞を用いてクローン胚の作成を試みたことである（ただし、その胚は途中で細胞分裂が止まった）[15]。クローン技術のヒトへの応用が始まろうとしていた。

細胞の分化と不活性化の関係

たとえば、ヒトの体は数十兆個の細胞からできている。それらの細胞はたった一個の受精卵から生じたものだから、すべて同じ遺伝情報をもっている。にもかかわらず、脳、神経、筋肉、骨、皮膚、心臓、肝臓といった 200 種類以上の細胞が細胞分化によって生じ、それぞれが別々の組織や器官を作っている。このとき、たとえば脳細胞なら、脳をつくる遺伝子だけが生き残り、他の遺伝子は死滅しているのだろうか。この問いは長らく、遺伝学における謎であった。両生類の体細胞クローン研究で明らかになったのは以下である。すなわち、ある組織や器官に分化した後の細胞は、他の組織や器官を作る遺伝子が死んだのではなく不活性化されているにすぎない、ということである。不活性化とは、本来持っている働きが失われ反応しにくくなっていることである。死んではいないが眠っている状態、と考えることができる。

細胞融合は自然界でも日常的に起こる

細胞融合とは、2 個以上の細胞が癒合して 1 個の細胞になることである。これは自然下でも起こり、受精や受粉など生殖細胞での現象が代表的である。このとき、遺伝的に異なる卵子と精子、卵細胞と花粉といった生殖細胞がそれぞれ融合しているのである。特記すべきは、自然下での細胞融合は一般に同種間に限ることだ。これを異種間で人為的に起こすのが、細胞工学における細胞融合である。遺伝的に異なる細胞を融合させ、遺伝的性質が混じり合った「雑種細胞」を作るのである。そのさい、特定のウイルスを用いる、特定の培養液を用いる、電気刺激（電気融合）を用いるといった 3 つの方法がある。人為的な細胞融合は、植物ではすでに 1970 年代に確立されていた基本的技術であった。1978 年の当時西ドイツで発表された「ポマト」が著名であり、トマトとポテトの細胞融合から培養および育成した混合植物である。やがて 1980 年代後半には、動物における細胞融合への応用が確立していく。細胞融合の技術も、クローニングに先駆けて多少異なる文脈で開発されていた諸技術のひとつである。

コラム3

細胞分裂の回数券、テロメア

　ひとつの細胞における細胞分裂は無限なわけではない。染色体（DNA は染色体に格納され、染色体は細胞の核に格納される）の末端に付く塩基の連続部分が、細胞の寿命に関与することが分かっている。この部分をテロメアと呼び、すでに 1930 年代に発見されている。テロメアは細胞分裂のたびに短縮していき、テロメアがなくなった細胞はもうそれ以上の細胞分裂を行うことができない（図4）。テロメアはいわば、細胞分裂の「回数券」とみなすことができる。ところで、病気がちのドリーの寿命が通常のヒツジの寿命（12 年）の半分となったのは、ドリーの染色体がすでに短いテロメアしか残っていなかったからではないかと指摘されていた。つまり、誕生時から加齢（クローン元のヒツジと同じ年齢）している可能性が示唆されていた。しかし、今世紀の研究によれば、体細胞クローニングにおけるクローン動物のテロメアが短くなることはなく、誕生時から加齢している可能性は否定されている。

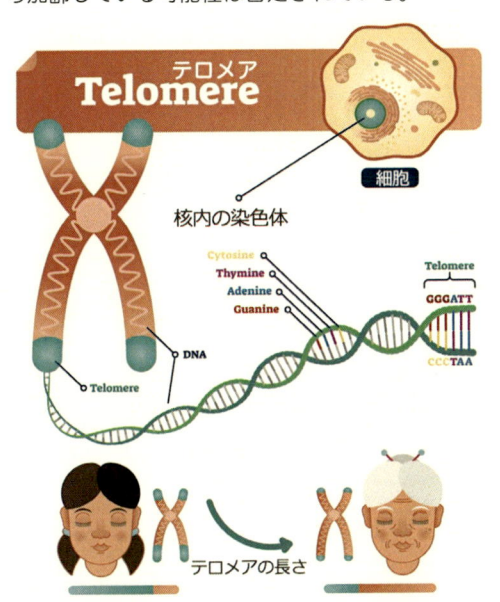

図4　細胞分裂とテロメアの関係

註

1) Tarkowski (1959).
2) Briggs and King (1952).
3) 核移植の技術はすでにこの頃から実践されていた。第4章の「卵子核移植」も参照。
4) 安定して一卵性双生児を得られるのは2細胞期までという（加藤 2013）。
5) 調整卵に対してモザイク卵がある。モザイク卵とは、分化の発生運命が早期から決定している受精卵をいう。節足動物や軟体動物、環形動物、ホヤ類などの生物が該当する。モザイク卵は発生初期に人為的に割球を分離すると、必然的に組織や器官に欠損のある胚となる。
6) Gurdon (1962a, 1962b).
7) Campbell et al. (1996).
8) ところで、ルイーズさんの誕生も、ドリーの誕生も、イギリスで最初になされたことは興味深い。
9) Wilmut et al. (1997).
10) 日本でも1998年に、世界初のウシの体細胞クローニングによるクローンウシが誕生している。
11) 一般には1 mm幅の電極間に置いた細胞に、100 Vの直流電圧で0.1秒間のパルス刺激を加える。
12) ゲノムの刷り込み、すなわちインプリンティング（第2章コラム④参照）は哺乳類では必要不可欠な現象であるが、体細胞クローン動物は両性の親をもたないので、インプリンティングのバランスが崩れ、ある遺伝子が通常の動物より強くあるいは弱く発現することが報告されている。このアンバランスな遺伝子発現が、クローン動物の死亡率の高さや先天障害の原因のひとつと考えられている（粥川 2003）。
13) 若山 (2005) 参照.
14) コラータ (1998: 295-296).
15) Cibelli et al. (2001).

参考文献

芦田嘉之，2011『やさしいバイオテクノロジー カラー版』SB クリエイティブ.

Briggs, R. and T.-J. King, 1952, "Transplantation of Living Nuclei from Blastula Cells into Enucleated Frogs' Eggs," *Proc Nati Acad Sci USA*, 38(5): 455-463.

Campbell, K.-H.-S., J. McWhir, W.-A. Ritchie and I. Wilmut, 1996, "Sheep cloned by nuclear transfer from a cultured cell line," *Nature*, 380: 64-66.

Cibelli, J.-B., A.-A. Kiessling, K. Cunniff, C. Richards, R.-P. Lanza and M.-D. West, 2001, "Rapid Communication: Somatic cell nuclear transfer in humans: pronuclear and early embryonic development," *E-biomed: The Journal of Regenerative Medicine*, 2: 25-31.

加藤容子，2013「あたらしい技術で家畜をつくる」『学術の動向』62-67.

粥川準二，2003『クローン人間』光文社.

小林惇，2007「ヒトクローニング論考」『広島経済大学創立四十周年記念論文集』883–894.
　　［コラム①の内容］

内閣府食品安全委員会，2008「体細胞クローン動物に関する状況について」
　　https://www.fsc.go.jp/emerg/clone_03.html（2024年5月1日最終閲覧）

齋藤勝裕，2014『ニュースがよくわかる生命科学入門』ディスカバー・トゥエンティワン.
　　［コラム③の内容］

Tarkowski, A.-K., 1959, "Experiments on the development of isolated blastomers of mouse eggs," *Nature*, 184: 1286-1287.

林真理，2002『操作される生命——科学的言説の政治学』NTT出版. ［本章第1節・第3節・第5節の内容の詳細］

岩崎説雄，1998「クローン羊 " ドリー " 誕生の経緯」『学術の動向』37–40.

Gurdon, J.-B., 1962a, "Adult frogs derived from the nuclei of single somatic cells," *Dev Biol*, 4: 256-273.

Gurdon, J.-B., 1962b, "The developmental capacity of nuclei taken from intestinal epithelium cells of feeding tadpoles," *J Embryol Exp Morphol*, 10: 622-640.

若山照彦，2005「哺乳動物の体細胞クローン　総説」『日本哺乳動物卵子学会誌』22: 49–58.
　　［コラム③の内容］

Wilmut, I., A.-E. Schnieke, J. McWhir, A.-J. Kind and K.-H. Campbell, 1997, "Viable offspring derived from fetal and adult mammalian cells," *Nature*, 385: 810–813.

『朝日新聞』「時時刻刻：体細胞クローン　食べても安全か」2007年4月8日.
　　https://www.columban.jp/upload_files/data/LJ0041_cloneushi.pdf（2024年5月1日最終閲覧）

読書案内

リチャード・ドーキンス著，ジャスティン・バーリー編［石井陽一訳］，2001『遺伝子革命と人権：クローン技術とどうつきあっていくか』ディーエイチシー.

ジーナ・コラータ［中俣真知子訳］，1998『クローン羊ドリー』アスキー出版局.

金子隆一，1997『図解 クローン・テクノロジー』同文書院.

サリー・モーガン［徳永優子訳］，2004『クローン技術：応用の可能性と問題点』文溪堂.

イアン・ウィルマット，キース・キャンベル，コリン・タッジ［牧野俊一訳］，2002『第二の創造——クローン羊ドリーと生命操作の時代』岩波書店.

第6章　ヒトのクローンをめぐる諸事情：「クローン人間」の何が問題なのか

　本章では「クローン人間」の何が問題であるのかに注目する。前章でみたように、ドリー誕生までを牽引した当の研究者らは、ヒトのクローニングなど考えていなかった。哺乳類に固執はしたが、あくまでもヒツジの体細胞クローニングに注目していた（なぜヒツジかといえば、当時の実験動物の「単価」がヒツジならウシの 100 分の 1 だったからにすぎない[1]）。しかし、当の研究者らを横目に、「ヒトクローン問題」が社会的・政治的・国際的に立ち上がることになる。「クローン人間」について人々はいったい何を危惧しているのか、本章で大きく整理していこう。というのも、「クローン人間」を批判する前に批判すべきことが、実はたくさんあるからだ。

　今一度復習しておくと、体細胞クローニングとは、すでに個体として存在している生物の体細胞を用いて、その生物と同一の遺伝情報をもつあらたな個体をつくる方法である。ただし、後述するように、その遺伝情報は決して 100% 同じにはならないことをみておく必要がある。

1.「クローン人間問題」の創出、制度的対策

　1990 年代半ばには、哺乳類の体細胞クローニングはいずれ実現可能となる技術だと科学的にも予測されていた。それを数十年かけ少しずつ開発してきたのであり、ドリーの誕生はその一到達点にすぎなかった。換言すれば、体細胞クローニングとは、科学研究界隈では別段「衝撃的」な技術でもなかったのだ。ところが、ドリー誕生が公表されるやいなや、体細胞クローニングはあたかも 1996 年に突然起こった「大事件」として世界中に拡散され、社会的インパクトを与えた[2]。さらには、科学的次元を超えた社会的な解釈のもと、突如「ヒトクローン問題」が立ち上げられていった。「クローン人間」の誕生を危惧し始めたのであり、その問題意識は各国政界や国際諸機関にまで広く波及していくことになる[3]。

　ところで、「クローン人間」とは、ヒトクローニングで作られたヒト胚を人間女性の子宮に移植し、その女性による妊娠・出産を経て、ひとりの人間

として誕生した個体を想定している言葉である。クローニングにおいて、哺乳類のヒツジで技術的にできることは、同じ哺乳類であるヒトでも技術的には可能なはずである。このため、いまはまだ見ぬ「クローン人間」をめぐって、各国でも早急に規制が検討されていくことになる。とくに欧州では、すでに存在している生殖技術の法規制を補強する形で進められていった。

　たとえば、ドイツの「**胚保護法（1990 年）**」では、「不妊治療」における生殖目的以外でのヒト胚作成を禁止している。このため、ヒトクローン（クローン人間）はもちろん、その大元となるヒトクローン胚の作成が禁止となる。フランスの「**生命倫理法（2004 年改正法）**」も、ヒト胚のクローニングを禁止している。同法は 1994 年以降、フランスの生殖補助技術全般の体系的な規制をめざしたものであり、そもそもヒトクローンにかかわらずとも、研究目的や商業目的のためだけのヒト胚作成自体を禁止している（つまり「不妊治療」としてのヒト胚作成だけを容認）。アメリカでは連邦法としてヒトクローン胚およびヒトクローンの産出を規制するものはないが、そうした研究に連邦資金の提供はしないことになっている。他方、ヒトクローン胚の研究規制は全米各州で異なり、同研究を容認する州では民間資金による研究が進められている。そしてイギリスでは「**ヒト受精・胚研究法**（1990年制定・2001 年改正」により、政府機関の許可制で胚の作成・利用・研究を容認している。同法のもとヒトクローンの産出は禁止であるが、研究を目的とするヒトクローン胚の作成・利用は認められている。

2.　日本におけるクローン規制の変遷（図 1）

　2001 年の「**ヒトに関するクローン技術等の規制に関する法律**（通称クローン技術規制法）」によって、日本でも「クローン人間」の作成を禁止している。このほかに法的抑制力をもたない仕方での対応として、たとえば「**特定胚[4] の取扱いに関する指針**（2002 年の文部科学省告示）」[5] がある。同指針から主要なものを抜粋すると、「特定胚のうち作成することができる胚の種類は、当分の間、動物性集合胚」（第 2 条）としており、「特定胚は、当分の間、人又は動物の胎内に移植してはならない」（第 9 条）とある。また、「特定胚の取扱いは作成から原始線条が現れるまでの期間に限り、行うことができる」（第 7 条）とある。要するに、クローニングにかかわる胚を

ヒトに関するクローン技術等の規制に関する法律」等の概要について
平成28年（2016年）文部科学省研究振興局ライフサイエンス課 生命倫理・安全対策室
https://www.scj.go.jp/ja/member/iinkai/genome/pdf23/siryo3-5.pdf

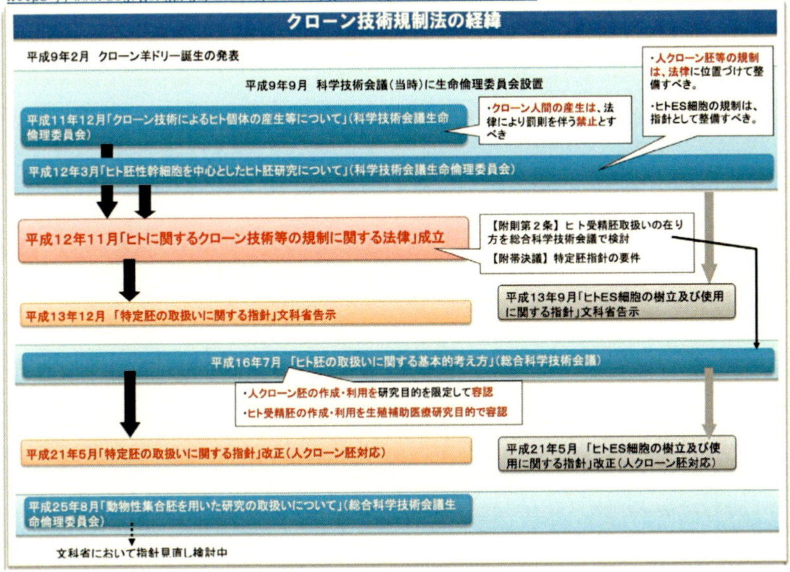

図1　日本のクローン技術規制法の経緯と変遷

特定胚と呼び、その作られ方の違いから数種類の胚を定めたうえで、そのうちの1種類（動物性集合胚）に限って基礎研究の目的で作ってもよいとするものである。そして、こうした胚を扱えるのはその作成から14日間まで（14日ルール）であり、胚はそれまでに処分するとともに、子の産出を目的とした子宮への胚移植は禁止するというものだ。ここでいう基礎研究とは、ヒト細胞由来の臓器の作成に関する研究をいう。

　ところが、2004年に提示された「ヒト胚の取扱いに関する基本的考え方（内閣府総合科学技術会議）」では、研究目的限定で、ヒトクローン胚についても作成と利用が容認された。この「基本的考え方」の方向性に沿って、2009年には「特定胚の取扱いに関する指針」と「通称クローン技術規制法」が揃って改正[6]され、めざすべき到達点のごとく、ヒトクローン胚の作成および利用が法的にも可能となった。これにより、特定胚のうちの2種類（動物性集合胚とヒトクローン胚）の作成と利用が認められたことになる。

　2013年にはさらに、動物性集合胚の取り扱い見直しが議論され（科学技

術会議主導下の生命倫理委員会）、動物性集合胚の動物胎内への移植につい
て、研究目的で認める方向性も示された[7]。2019 年には「特定胚の取扱い
に関する指針」の二度目の改正[8]を経て、動物性集合胚の研究規制が大幅に
緩和される。つまり、動物性集合胚の 14 日間ルールの延長や動物胎内への
移植が要件付きで解禁されたのであり、その結果となる、ヒト細胞に由来し
た臓器をもつ動物個体の産出が認められることになった。なぜなら、将来的
に人間が使用することを想定した臓の作成は、実際に動物性集合胚が動物
胎内で生長し、一個体として誕生してみなければ、実現可能か否かが分から
ないからである。なお、世界的には、「クローン人間」を作り出すことは事
実上禁止されているが、動物性集合胚の動物胎内への移植や、その帰結とな
る動物個体の産出を禁止する例はほとんどみられない。

　日本における「特定胚の取扱いに関する指針」と「通称クローン技術規制
法」は、国外の研究動向を追う形で、国内での研究許容範囲を広げるべくそ
の後も段階的に改正を繰り返すことになる。上述の「指針」と「規制法」は、
ともに現時点では 2024 年改正[9]を最新版とするが、ヒトクローンの産出禁
止、動物性集合胚のヒト胎内への移植禁止は不動である[10]。欧州諸国がヒト
クローン技術を〈ヒト胚の地位〉から捉え、生殖技術との関係を不可分とし
たのとは異なり、日本でのクローン規制の特徴は、研究者目線から研究推進
を前提に暫定的な許容範囲ラインを定めていくというやり方にある。端的に
は、ヒトクローン個体の産出にさえ至らなければ「クローン人間」作りでは
ない、といった暗黙の落とし所を探った点にあるだろう。

3. ヒトクローニングと ES 細胞（胚性幹細胞）の接点

　ヒトクローニングは「クローン人間」作りではない、とする考えを研究者
が強調するさい、再生医療の観点は必ず引き合いに出される。先述のとおり、
ヒトクローニングは哺乳類の体細胞クローニングと同じ方法で行えるが、作
成したヒトクローン胚を人間の女性の子宮に移植するのではなく（法的に禁
止されている）、培養器のなかで組織や臓器に分化させるという別の応用岐
路を見出したのだ。このとき、ES 細胞とクローン技術が組み合わされるこ
とになる。

　ES 細胞（本書続編でも扱う）とは、哺乳類の発生初期の胚盤胞（第 3 章

1節参照）から取り出してできた細胞である。精確には、胚盤胞内部でごく短期間だけみられる細胞塊を摘出し、培養してできた個々の細胞をいう（図2）。ES細胞は人工的産物であり、その作成過程は胚の破壊なしに不可能である。研究者らがどのようにこれをヒトで実現したかというと、「不妊治療」のステージで体外受精されたが妊娠に用いられなかった受精卵に着目し、それを譲り受けて研究に漕ぎつけたのである。ES細胞の特徴は、何も手を加えない受精卵同様に、さまざまな組織や臓器に分化する能力（多能性）を有している点である。また、多能性を秘めたまま、培養によって無限に増殖しうる点である。これらが、ES細胞を「万能細胞」[11] と呼ぶゆえんである。こうして、たとえばES細胞を心筋細胞や神経細胞に分化させたのち必要な人に移植する、という再生医療が期待されていくことになる。

　さて、クローン技術がなぜES細胞と組み合わされる必要があるのか。ES細胞は原理的には他人の胚細胞から作るので、これによってできた移植用の細胞や組織等は、その移植を受ける人にとっては異物である。つまり、移植後は免疫作用による拒絶反応が立ちはだかる。そこで、あらかじめヒトクローン胚からES細胞を作って分化させれば、移植時の拒絶反応が回避できると考えられている。つまり、ヒトクローン胚を作るときの体細胞は、後に移植を受ける人自身から採取したものを最初から用いておくわけである。こうすれば遺伝子組成は同じなので、分化した組織や臓器等を移植してもその

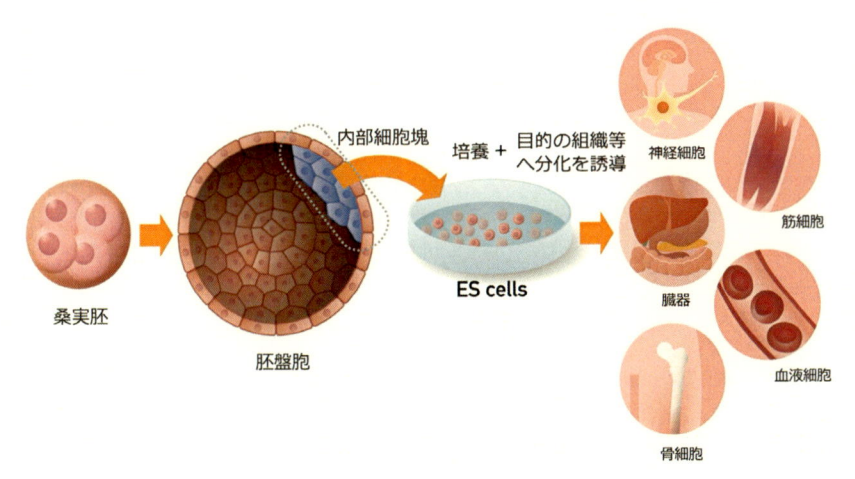

図2　ES細胞（胚性幹細胞）の作成法

生体が拒絶することは起こりにくいとされている。

　しかし、粥川（2003）によれば、クローン技術で本当に議論すべき問題はほかならぬ再生医療への応用だという[12]。クローン技術を ES 細胞やヒトゲノム解析の技術などとも組み合わせることによって、ヒトへの応用可能性が展望される一方、ヒトの身体が再生医療のための産業・商業的資源の出所として扱われかねないとしている。研究過程におけるルールとしては、人体組織や細胞は提供者（手術患者や不妊治療者等）が同意のもと、善意かつ無償で譲ることになっている[13]。とりわけ、「不妊治療」で使わなくなったヒト卵子やヒト胚は、研究のための格好のターゲットとなる。研究者や医療者や関係企業者は、これら人体組織や細胞を元に、その研究成果によって特許を取ったり事業を興したりすることができてしまうのである（[コラム① ムーアの細胞] 参照）。

4.「クローン人間」の何が問題なのか

　「クローン人間」とは、生物個体の「コピー」を 3D プリンターのごとく誕生させるというものではない。とくに哺乳類では、いかにテクノロジーが進展しようとも、出産という原理的なプロセスが必須である。そして「クローン人間」をめぐり、たとえば「ヒトラーのコピーが誕生する」といったような言説は、生物学的にも科学的にも実現不可能である。仮に、ヒトラーの身体の体細胞を用いてクローン個体が産出されたとして[14]、両者は遺伝的には同じであっても（実は遺伝的に 100% 同じではないことを後にみていこう）、人格は同じではなく、完全な別個人である。このことは、一卵性双生児が互いに完全な別人格であることに鑑みれば別段驚くことではない。やはり、ヒトラーの細胞を用いて作られたクローン個体に対して、すでに死んだ別個体および別人格のヒトラーおよびその行いを想起し糾弾の罵声を浴びせるのは、濡れ衣であるし馬鹿げたことなのだ。クローンであろうがなかろうが、ひとりの人間として誕生してきた当人の人格や人権を無視することはできない[15]。ならば、「クローン人間」自体が問題なのではなく、その見方や扱われ方が問題ということになる。これを踏まえて以下、「クローン人間」をめぐる問題がいかに捉え損ねられているかを考えていこう。

4-1. 「クローン人間」と「自然／不自然」

　「クローン人間」に反対する理由のひとつに、「自然に反している」というものがある。これに類するのが、かつて生殖技術の賛否を議論するさいよく引き合いに出された（おそらく現在も人々の内心には抱かれている）、「子の誕生はできるだけ自然な生殖でなされるべきだ」とする言説だ。月経周期から排卵日を割り出し、その前後数日間に集中して計画的に性交を試みるのが子作りだとすれば（避妊目的なら排卵日を回避したうえで避妊具を用いて性交するのであるが）、何をもって「自然な生殖」とするかはさほど簡単ではない。なによりも、「自然である」＝「よい」という等式にはならない。たとえば、「哺乳瓶で授乳するのは不自然だ」といって、「授乳は母乳の出る女性以外がするものではない」とはできない。「自然」だから「よい」わけでもなく、「自然でない」から「悪い」わけでもないのに、そのように一方的に決めつけてしまうのは、単にその人が自身の思い込みや価値観に縛られているだけかもしれない。

　そもそも、「自然」なる概念は曖昧であるし、ある事柄が「自然」と認識されるか否かは、時代や社会状況によって異なる。人間が介入し尽くしたこの地球環境からみれば、「純粋無垢なる自然」というものを抽出すること自体がすでに困難だ。こうなると、ある技術や事柄が「自然」であるかどうかは、もはやそれが社会的に知れ渡っていて、身近でもいくらかは見聞するかどうかによってくる。たとえば、1978年の世界初の体外受精児誕生は、長らく奇異の目で受け止められた（第3章・第4章参照）。現在となっては、体外受精技術は広く普及し（それが良いか悪いかは別として）、日本を例にすれば総出生数の 11 ～ 12 人にひとりの割合で体外受精児が誕生している[16]。大雑把にいってしまえば、ある事柄が「自然」であるかどうかは、多くの人々がそれを知り、なにかしら体験しているかどうかに過ぎないのかもしれない。余談として欧州に眼を向ければ、子供をその母親が中心となって育てることが「自然」になったのは、近代以降のことである。中世ヨーロッパの頃は、子供というものは物心つくまで田舎の乳母に預けるのが主流（雇用関係のもと）であり、母親が自分の手で育てるなど異端で野暮なことだったのだ[17]。

4-2. 「クローン人間」と家族規範

　本章第2節でみたように、日本における「通称クローン技術規制法」（2001年）ではヒトクローン胚の作成は認めるが、ヒトクローン個体（クローン人間）の作出を禁止している。ところで、同法の下敷きとなった1999年の報告書「**クローン技術による人個体の産生等に関する基本的考え方**（科学技術会議生命倫理委員会）」[18] というものがある。そこに挙がっているのは、ヒトクローン個体産出禁止のいくつかの理由であり、なかでも「家族秩序」が懸念されている。具体的には、クローン個体は「遺伝子が予め決定されている無性生殖であり、受精という男女の関わり合いの中、子供の遺伝子が偶然的に定められるという、人間の命の創造に関する基本認識から著しく逸脱」することから、「親子関係等の家族秩序の混乱」をきたす、というのだ。

　現代のライフスタイルでは、「一組みの男女が結婚によって生涯を共にしながら、子を産み育てていく」という近代家族制度自体が世界的に変容してきている。結婚は一度だけでもなければ、男女一対というわけでもない。シングル主義の人もいれば、ポリアモリー（複数間での同意の上での恋愛関係）の場合もある。性愛関係はあるが子はもうけたくない、あるいは性愛関係はないが子をもうけたい、という人々もいる。ほかにも、以下のケースを考えてみよう。

1)　たとえば、レズビアンのカップルが生殖技術とクローン技術を利用し、両者の遺伝的性質をもつ胚をいくつか作った場合、この胚を一方または双方の女性が妊娠出産すれば子は誕生してくる。生まれた子は、ふたりの母親をもつ異母兄弟姉妹ということになる。これまでの「家族秩序」とは確かに異なるが、生殖において誰の身体も搾取することなしに、クローンという形で自分たちが育てる子供を自分たちで作ったことになる。

2)　たとえば、単身女性が自分だけで子をもうけたい場合、生殖技術とクローン技術を利用し、自分の卵子と体細胞を用いてクローニングしたのち、みずからで妊娠出産すれば子は誕生してくる。この場合、自分のクローンを自分で産んで、子として育てるということになるだろ

う。繰り返しとなるが、生まれた子は、クローン元の人物と遺伝情報がほぼ同じであっても人格はまったく別である。

　いうまでもなく、1）も2）もクローン個体産出となるので実際には禁止されているが、こうした場合の子作りを、たとえば臓器移植用のいずれ死ぬか殺すことになる子供をクローニングで作る場合と等しく禁止するのであれば、その理由はどんなものなのだろうか。ちなみに、1）も2）も生殖技術のみを利用しかつ提供精子を用いるのであれば（つまりクローン技術と併用しないのであれば）、フランスなどですでに認められている。女性カップルや単身女性が男性パートナーなしに、精子だけを譲り受けて子をもうけることは、技術的にも法的にもすでに可能なのだ（第4章註9参照）。

　こうなると、本節冒頭でみた、ヒトクローン個体と「家族秩序の混乱」のくだりは、本当は人間における無性生殖のほうを懸念しているのかもしれない。動物では、雄なしの生殖関連の実験を散々行っているというのに、ヒトの生殖で雄が不要となることは耐え難く、これを「家族秩序の混乱」と言い換えているという見方もできるかもしれない。あるいは、規範から外れるような仕方で女性が子をもうけること自体を恐れているのかもしれない。しかし、生まれてくる子を、育てるためにではなく「物品」として解体し売り捌くというのでない限り、どのように子作りして子を産むかを当の女性本人が考え決めたのであれば、他人が口を出すことなどできないはずである。どの出産がよくてどの出産がよくないなどといったことを、他人が審判するのは傲慢といえる[19] たとえば岡本（2002）は、通常の妊娠出産にパターナリズムを否定するのであれば、クローン個体産出としての妊娠出産にも、パターナリズムは否定されるべきだと述べる。このことはもちろん、ヒトクローン誕生の推奨とは別次元の論理である。

4-3.「技術の安全性」を問題視するとき、いったい何を露呈させているか
　「クローン人間」に反対するさい、ほかにもよく取り上げられる理由がある。「技術の安全性」についてである。クローン技術を動物に用いた場合、産出されたクローン個体に早産や死産が多いという事実は前章でも述べた。実際、クローンヒツジのドリーは病気がちであったし、短命だった[20]。ヒト

クローニングに続くヒトクローン個体の産出についても、病気や障害のある人間が生まれてくる可能性があると長らく推測されてきた。ドリー誕生に関わった当の研究者らでさえ、みずからでこの可能性を指摘している。要するに、「技術的に不確かで安全性の分からないクローニングは、ヒト個体誕生——人間以外の動物誕生ならいざ知らず——に向けて実施することはできない」というわけである。一見妥当な見解のようにみえるが、この見解自体に実はいくつかの重大な問題点が露呈している。順にみていこう。

　第一に、「クローン技術が確実かつ安全なものでありさえすれば、クローン人間作出は容認可能なのか」という問いに答えられないことである。現時点での技術レベルが問題なのか、あるいは「クローン人間」作出が問題なのかを、あえて曖昧にしているともいえる。仮に技術的な問題が解決されてしまえば、「クローン人間」作出はなんら問題ないということになってくる。にもかかわらず、技術のレベルや「安全性」を理由に、バイオテクノロジーやバイオメディシン（生物医学）、およびそれらに関わる医療に反対するということは比較的多い。とくに、生殖をめぐる技術に対して根強くある。

　第二の重大な問題点は、女性と障害者への差別的態度である。果たして、技術的に危険だという理由で個体としての「クローン人間」作出を禁止する場合、誰がどんな根拠でこれを禁止することができるのか。人工子宮でも現実化されないかぎりは、妊娠出産する生身の女性が必ず関与すると想定してみよう。たとえば、「クローン技術には危険性があるため、クローン人間を産むことは禁止する」と言ったとする。これは、「クローン技術を用いて人間を作りかつ誕生させることは、障害をもった子供を産むかもしれないから禁止する」と言うことの婉曲話法にほかならない。つまり、「障害のある子供を産んではいけない／生まれてはいけない」と考えていることになる。問題が根深いのは、差別的でパターナリスティックな目線と含意を女性と障害者に差し向けているのにもかかわらず、それを差し向けている当人はまったく無自覚であるか、「正義」に満ちていたりすることである。

　通常の妊娠出産に置き換えてみても同様である。女性に向かって他人が、「あなたは障害のある子供を産むかもしれないので、子作りしたり産んだりすることを禁止する」などと言うことはできない（[コラム② 政策と医療が手を結んだ強制不妊手術という人権侵害] 参照）。もちろん、「妊娠した以上は絶対に産みなさい」とも言えはしない。もしその女性が産むことを決め、実際に障害のある子供が生まれてきたとしても、当の産んだ女性に責任があるということでもない。人々が障害とともに生きられる社会にしていくのは個人の──産んだ女性の──問題ではなく、行政や政治の問題である。このことはしかし、個人の生殖に他人や行政、ましてや国家が口を挟む権利があることを意味しない。これと同じ論理で、「子の福祉」を理由に他人の生殖を抑制しようとすることはできない。子をもうけようと思っている女性に向かって、「子の福祉」を引き合いに「子作りしてはいけない、産んではいけない」などと言うのはおかしなことなのである。

　「子の福祉」概念についてはあくまでも哲学的思考からの言及であり、本書は社会福祉それ自体には立ち入らない。しかしながら、見過ごせないのは、「子の福祉」概念には諸刃の剣の要素がどうしてもつきまとうことである。女性が「子のため」を思って産まないことにしたり、女性が「子のため」を思って受精卵の遺伝子操作を希望したりすることも、「子の福祉」の見かけをもって一定以上実行可能なのである。しかもこれらは、女性の〈産むか産まないか〉の自由に一定以上包括可能である。他方、テクノロジーの進展とも相まって、生殖をめぐる技術批判の言説も変化しつつある。規範的家族観から外れるような形で子作りしたり子をもうけたりするさい、かつての「不自然である」に替わって、いまや「子の福祉に叶わない」という批判の仕方が多方面でみられるようになった。あたかも「子の福祉」を盾にさえしていれば、生殖にかかわる技術に歯止めをかけることや、家族規範を守ることが叶うと信じているかのようにみえる。

5.　哺乳類では 100% 同一のクローン個体はありえない

5-1.　クローニングを自分に置き換えてイメージしてみよう

　本節標題を考えるに先立ち、哺乳類である自分自身をモデルとして、前章でみたクローン技術の 2 つの大枠をリアルに考えておこう。

まず、①受精卵クローニング（受精卵と遺伝的に同一のあらたな個体をつくる）の場合である。これは、胚分割クローニングか核移植クローニングを行うことになる。そして、世代に着目するなら、受精卵クローニングの方法はさらに2つある。すなわち、あなた自身が受精卵であったときに行うか、あなたが誰かとつくった受精卵（子＝第二世代）を用いて行うかである。ただし、あなたは現実にもう受精卵ではないので、あなた自身の受精卵クローニングはすでに不可能である。次に、②体細胞クローニング（誕生後の一個体であるこの自分と遺伝的に同一のあらたな個体を作る）の場合である。あなた自身の身体から任意の体細胞を採取し、その核を取り出してから、これを別の除核済みの卵子に融合させて胚を作成することになる。

　見過ごせないのは、①と②のいずれのクローニングも、哺乳類である以上は妊娠出産のプロセスが不可欠であることだ。個体として「クローン人間」を誕生させるには、クローン胚を妊娠および出産する女性の身体なしには不可能である。ただしすでにみたように、クローン胚のヒト胎内への移植は法的には禁止されている。

　ところで、もう少し回り道をして、第4章4節でみた体外受精におけるミトコンドリア置換を思い出そう。体外受精の前に、自分の卵子の核（細胞核）を、別の女性の卵子の核と置き換える方法である。これは、実は卵の細胞質こそを取り替えているのだという話をした。なにしろ、置換したいミトコンドリアは細胞質のなかにあるからだ。もしミトコンドリアになんらかの「問題」があってその遺伝を回避しようと考える場合、自分の卵子の細胞質をそっくり脱ぎ捨てて、核とともに別の卵子の細胞質に乗り換えるわけである。核は自分のものなので、乗り換えた先の卵子（除核済）においても、遺伝的性質は理論上では自分と同じということになる。

　しかし、ことはそう単純ではない。第4章でも述べたとおり、ミトコンドリアにもごくわずかに遺伝情報（DNA）が入っている。このため、自分の卵子のミトコンドリア置換を行った場合、実は自分のミトコンドリアDNAを捨てて、他人のミトコンドリアDNAを引き継ぐことになる。このとき、〈ミトコンドリア置換および核移植した自分の卵子〉と、〈なにも手を加えない状態の自分の卵子〉とでは、遺伝情報は100%同じにならない。さて、これをクローニングでも考えてみよう。つまり、上記のことはクローニングでも起こるのだ。以下では、第5章でみた体細胞の核移植クローニ

ングを、ほかならぬヒトに置き換えて思考しよう。

5-2. 体細胞クローニングにおける差異の誕生

　哺乳類である自分自身ないしヒトを事例として、いくつかの例を挙げていこう。以下では、小泉（2003）を参照したうえでさらに詳しく説明を加えていこう。少なくとも、哺乳類の体細胞クローニングは必ず差異を生じさせるのである[21]。

Ⅰ. まず、「人間男性 A」が自分の任意の体細胞を用いて、自分のクローン個体を作るとしよう（図3）。このとき、胚細胞を作るためには他人の、かつ女性の卵子がどうしても必要である。この卵子の出所を「人間女性 B」とする。細胞工学的な手技としては、「人間女性 B」の除核済み卵の細胞質に、「人間男性 A」の体細胞核を融合させるわけである。いうまでもなく、「人間女性 B」の卵の細胞質に含まれるミトコンドリア DNA が、「人間男性 A のクローン」に継承されることになる。よって、「人間男性 A のクローン」となる細胞は、「人間男性 A」の遺伝情報と同じになりえない。

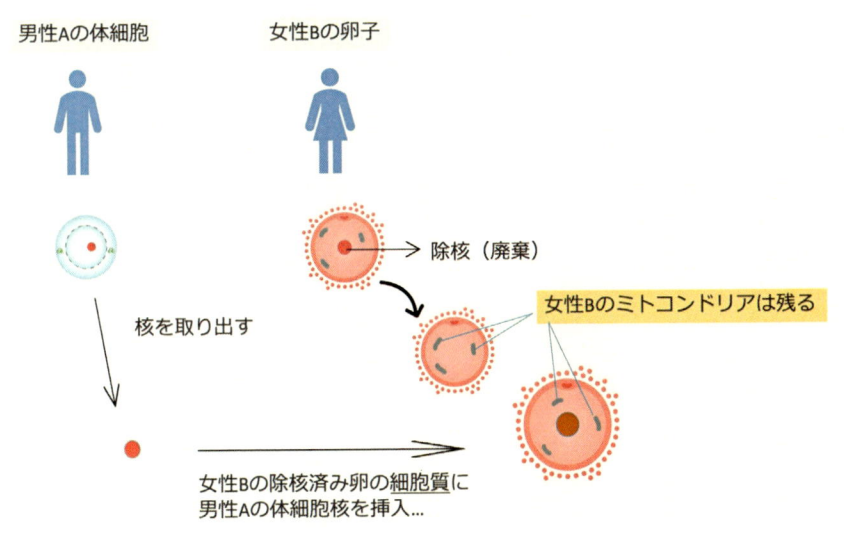

図3　哺乳類の体細胞クローニングにおける差異（例Ⅰ）

Ⅱ. ならば今度は、「人間女性 B」が自分のクローン個体を作るとしよう。「人間女性 B」が、自分の任意の体細胞の核と、自分の除核済み卵の細胞質を用いるのである（図 4）。やや複雑に思えるかもしれないが、そもそも「人間女性 B」は、自分とは別の卵の細胞質——すなわち自分の母親の——をもとに誕生してきた。要するに「人間女性 B」が有す卵子は、その母親の卵子とは異なる。このため、核移植クローニングによって「人間女性 B」が自分の卵子を用いて自分のクローン個体を作った場合、遺伝情報はほぼ同じかもしれないが、「人間女性 B のクローン」は「人間女性 B」の完全複製個体とはなりえない。というのも、「人間女性 B」の卵子とその母親の卵子は互いに、細胞質における質的量的な違いがあり、それは胚の初期発生や遺伝子発現に影響するからである。原理的には、世代を遡って——「人間女性 B」の母親にまで——クローニングするのでない限り、「人間女性 B」の卵細胞質を用いてクローニングしても、「人間女性 B」自身と「人間女性 B のクローン」は完全に同一とはならない。

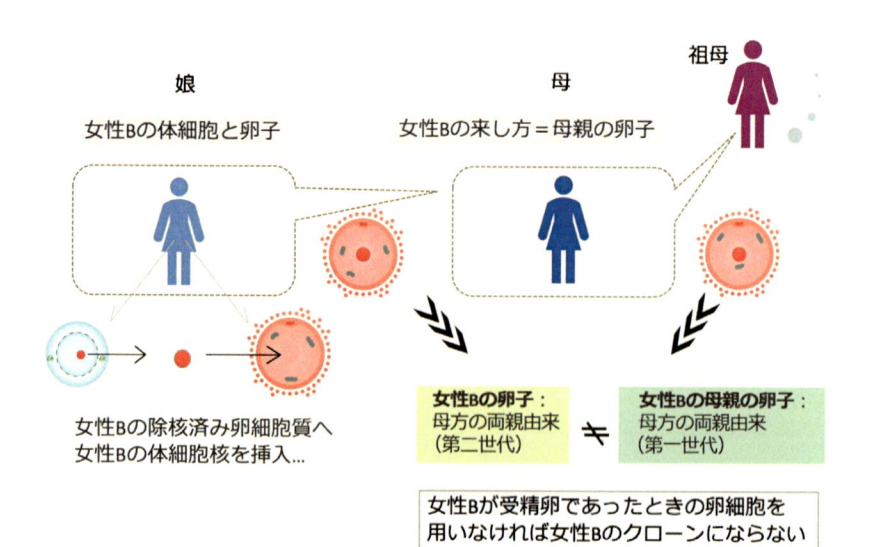

図 4　哺乳類の体細胞クローニングにおける差異（例Ⅱ）

Ⅲ. こうなればいよいよ、「人間女性B」が自分の母親の除核済み卵の細胞質を用い、そこに自分の体細胞核を融合させたらどうか（図5）。自分の出所である母親にまで遡ってクローニングするのである。しかし、これもまた不可能なのだ。なぜなら、生殖細胞とは減数分裂において、両親の遺伝情報をランダムにシャッフルするのであった（第4章参照）。つまり、母親の生殖細胞（卵子）は、同一人物のものであってもひとつひとつ遺伝情報の組み合わせが異なる。同一人物の生殖細胞が原理的にひとつひとつ異なる以上、そこでは、細胞質にも個々に差異があるはずである。たとえば、細胞質内の液体や小器官が細胞内で流動する仕組み（細胞質流動）は、とりわけ発生過程で重要な働きをするのだが、その流動のタイミングは個々の細胞ごとに異なる。また、たとえば、母系のミトコンドリア DNA が変異する（している）こともありうる。このため、「人間女性B」のもとになった母親の生殖細胞と、あらたに採取したその同じ母親の生殖細胞は、そっくり同じとならない。

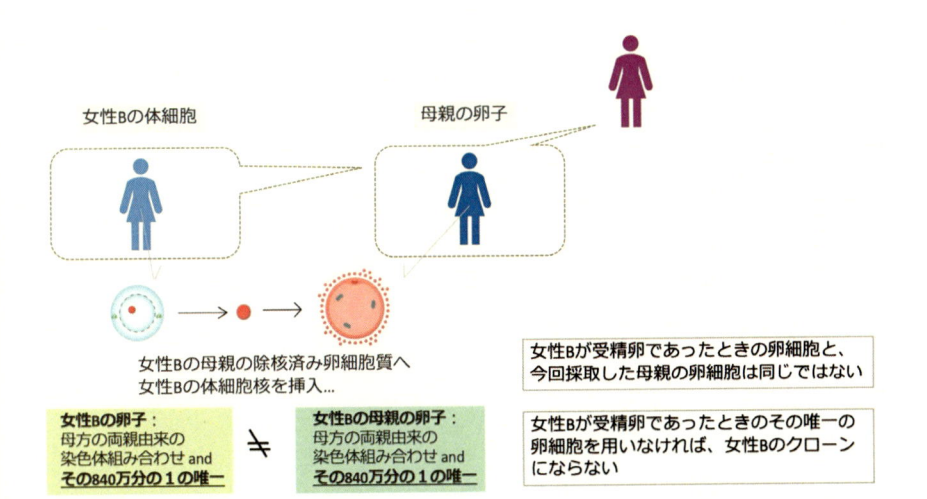

図5　哺乳類の体細胞クローニングにおける差異（例Ⅲ）

ことはますます単純ではなく、だからこそ、人間の思い通りにはならぬ生命・生物の面白さが立ち現れるのだが、最後にもうひとつ確認しておこう。上記３例とともに、遺伝的に完全に同一のクローンになりえないことが分かった。もはやなけなしの手段として、自分で自分のクローンを産むという場合が残されている。クローニングによってできたクローン胚は、哺乳類の場合は子宮に移植して出産に至らないと、クローン個体にならないことはすでにみてきた。ならば、次の場合はどうか。

Ⅳ. 「人間女性 B」が、自分のクローンを自分で産むとしてみよう（図6）。ところが、「人間女性 B」の子宮・胎盤のバイオ的環境と、「人間女性 B」を産み出した母親の子宮・胎盤の「バイオ的環境」は同じではないのだ。つまり、〈自分が妊娠されていたときのバイオ的環境〉と、〈自分が妊娠しているときのバイオ的環境〉は必ず異なるのであり、そうである以上、それぞれの母胎内における胎児への影響は双方で同じになりえない[22]。

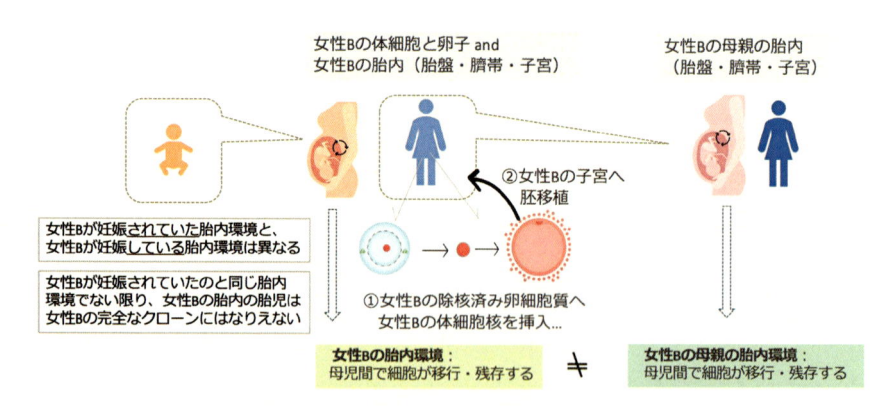

女性Bの体細胞と卵子 and
女性Bの胎内（胎盤・臍帯・子宮）

女性Bの母親の胎内
（胎盤・臍帯・子宮）

②女性Bの子宮へ
胚移植

女性Bが妊娠されていた胎内環境と、
女性Bが妊娠している胎内環境は異なる

女性Bが妊娠されていたのと同じ胎内
環境でない限り、女性Bの胎内の胎児は
女性Bの完全なクローンにはなりえない

①女性Bの除核済み卵細胞質へ
女性Bの体細胞核を挿入…

女性Bの胎内環境：
母児間で細胞が移行・残存する

女性Bの母親の胎内環境：
母児間で細胞が移行・残存する

図6　哺乳類の体細胞クローニングにおける差異（例Ⅳ）

　ここでもう一度、あなた自身に置き換えて体細胞クローニングを理解しておくなら、あなたが受精卵ないし胚であったときの細胞内構成や遺伝子構造、およびあなたが胎児であったときの子宮内環境は、いずれも、あなたのクローン胚が辿るものとは異なるということだ。つまり、生物にいかにバイ

オテクノロジーが関与しようとも、生物そのものの差異や変化、自然界で生じるバイオ的環境の差異や変化をなきものとすることはできない。体細胞クローニングでは、複製元個体と相当似てはいるが厳密には異なる、あらたなオリジナル個体が絶対に生い立つのである。それは複製元個体を超えた、まさに唯一無二のオリジナル個体の誕生なのだ。また、エピジェネティクス（第2章参照）を考えただけでも、「クローン人間」とその元になった人間とのDNAの差異は絶対に現れるし、それを消すこともできない。遺伝的に100%同一の人間を作るなどということは、科学的にも生物学的にも実は不可能なのである。他方で、体細胞クローニングはまったく別の見方をすれば、ヒトの生殖を根底から転換させる可能性を内包している（[コラム③　人工単為生殖]　参照）。

コラム1

ムーアの細胞

　ジョン・ムーアは1976年、白血病の治療のためにカリフォルニア大学医療センターで脾臓摘出を受けた。それは必要な治療であったが、医師らは当人に知らせることなく、摘出した脾臓を研究目的で利用しようと手術前から計画していた。医師らは、その脾臓から、特殊な物質を作り出す機能をもった細胞を見つけ出し、それを細胞株化して大量生産できるようにしていた。さらに、医師らは1984年にこれを「Mo細胞」として特許化（知的財産化）して以降、企業から巨額の利益を得ていた。患者であるムーアはこれに対し、自分の人体組織を横領したといって大学を訴え裁判を起こした。1990年のムーア対カリフォルニア大学理事会判決（カリフォルニア州最高裁）は、ムーアの摘出された人体組織はムーア本人の財産ではなく医療廃棄物であること、製品化の実現は医師らがその特殊な人体組織の有用性を見出し加工したことに起因する旨を挙げて、「Mo細胞」の所有権を大学に認めた。これを機に、遺伝子や細胞含むバイオ組織、遺伝子改変生物などへの特許合戦が激化していくことになる（名和2006; 美馬2015）。

政策と医療が手を結んだ
強制不妊手術という人権侵害

　生殖をめぐるパターナリズムの問題を繰り返し述べてきたのは、生殖というものは家族と並んで、国家が常に管理下に置きたがってきたからである（下記＊印参照）。これだけでなく、生殖をめぐる差別的政策と、そこに医療が積極的に加担してきたという歴史的事実があるからだ。心身の健康を謳い優生学に基づいて、誰が結婚すべきかすべきでないか、誰が生殖すべきかすべきでないかを、政府と優生学者と医師がタッグを組んで判定し個々人に介入した。優生学とは、「優れた血統」を存続し「劣った血統」は淘汰することで人類の質を向上させようとする思想である。これを掲げ、身体に直接に介入したのは医師であり、医療というもののもつ侵襲性と人権侵害の問題は常に想起される必要がある。たとえば日本では、ハンセン病者の強制隔離や強制不妊手術が法の名の下に実行されている。これにより、彼・彼女らの自由な生活や親になること・産むことの権利を奪ってきた。（本コラムについては読書案内の関連文献参照）

＊実際、〈産むか産まないか〉を女性自身で決められるようになったのは、ほんの半世紀前の裁判が契機である。1973 年ロー対ウェイド事件の米連邦最高裁判決、および 1972 年マリ＝クレール事件の仏ボビニ裁判所判決がそれである。ただし、2022 年の米連邦最高裁ドッブス判決は 1973 年最高裁判決を覆し、中絶規制の権限が各州に戻された。これに伴い、中絶について禁止含め大幅に制限する州が複数現れた。

人工単為生殖

　受精卵クローニングはその名のとおり、受精卵を使うので、スタート地点で卵子と精子が必要である。一方、体細胞クローニングは卵子だけが必須であり、受精卵も精子も不要である。体細胞クローニングとは、単為生殖を人工的に行っているのである。単為生殖とは雌雄のどちらかだけ、一般には雌だけで生殖・増殖することをいうのであり、実は自然界ではこれを行う生物種がたくさん存

在する。

　生殖技術に関する事柄を複数の章にわたってみてきたように（第4・2・3章）、体外受精に関わる様々な技術の寄せ集めが、セックスなしの生殖を現実に可能にしたわけである。クローニングにかかわるさまざまな技術の寄せ集めは、実は、ヒトにおける雄（精子）なしの生殖を技術的には可能にしたとみることができる。第4節・5節で言及したとおり、女性は究極には自分の卵子と体細胞を用いてクローン胚をつくり、それをみずからで妊娠出産して、ひとりで子供をつくることができる。このとき、精子も雄も完全に不要となる。

註

1)　コラータ（1998: 280）

2)　科学的な事実や事象が、社会的関係のなかであらたな意味づけをされていった一例である。林（2002）は、この動きはマスコミや市民のセンセーショナリズムのほか、研究結果の発表方法を考えた当の研究者たちと学界によるインパクト作りの「演出」によるものだと指摘している。とくに、クローンヒツジとしてすでに大人になり、現に生きているクローンヒツジドリーの写真を、超有名科学ジャーナルの表紙に掲載したことは絶大な「演出効果」を及ぼしたといえよう。それは人々の驚きと関心を高めると同時に、人々の不安や恐れも引き起こした。

3)　たとえば、1997 年に WHO はいち早く、クローン技術の人間への応用禁止を決議した。同年、ユネスコは**「ヒトゲノムと人権に関する世界宣言」**を採択し、遺伝的特徴を理由とした差別や遺伝情報の売買の禁止のほか、ヒトクローン作成の禁止を明示した。同宣言は、1998 年に国連でも決議および採択されている。国連はまた、2005 年に**「ヒトクローニングに関する宣言」**でヒトクローン作成の全面禁止を採択した。これに先立ち、欧州評議会は EU における先端的生物医学研究の規制統一化に向けて、1997 年に**「生物学および医学の実践に関する人権および人間の尊厳の保護のための条約：人権と生物医学に関する欧州条約」**を採択し、研究目的のヒトクローニングを禁止した。翌 1998 年には同条約の「追加議定書」で、生殖目的のヒトクローニングを禁止した。

4)　「通称クローン技術規制法」の定める特定胚とは、ヒトクローン胚含む計 9 種類の特定の胚をいう。そのなかから同法で作成が認められていたのは、当初、動物性集合胚のみであった。動物性集合胚とは、動物胚にヒトの体細胞等を融合させたものである。

5)　内閣府 HP（https://www8.cao.go.jp/cstp/tyousakai/life/haihu10/siryou9-2.pdf）

6)　「特定胚の取扱いに関する指針」2009 年改正版
（https://www.mext.go.jp/lifescience/bioethics/files/pdf/30_226.pdf）、
「ヒトに関するクローン技術等の規制に関する法律（通称クローン技術規制法）」2009 年改正版

(https://www.mext.go.jp/lifescience/bioethics/files/pdf/29_224.pdf)

7）「動物性集合胚を用いた研究の取扱いについて」
（https://www8.cao.go.jp/cstp/tyousakai/life/kenkai/kenkai.pdf）

8）「特定胚の取扱いに関する指針」2019 年改正版
（https://www.mext.go.jp/lifescience/bioethics/files/pdf/n2163_03.pdf）

9）「ヒトに関するクローン技術等の規制に関する法律（通称クローン技術規制法）」2024 年改正版
（https://www.mext.go.jp/lifescience/bioethics/files/pdf/n2408_01.pdf）、
「特定胚の取扱いに関する指針」2024 年改正版
（https://www.mext.go.jp/lifescience/bioethics/files/pdf/n2408_03.pdf）

10）ほかにも禁止要件として、動物性集合胚由来の個体の交配（ヒトの臓器をもつ動物個体と他の個体との交配）や、動物性集合胚由来のヒト生殖細胞の受精がある。なお、特定胚については、2024 年現時点で 9 種類のうち 3 種類の作成が認められている。

11）念のため記しておくと、元祖万能細胞は、受精卵ないし発生初期の胚（胚盤胞）である。

12）再生医療に応用するクローン技術は「セラピューテック・クローニング」と呼ばれる（粥川 2003）。

13）たとえば、日本組織移植学会による「ヒト組織を利用する医療行為の倫理的問題に関するガイドライン」がある。2002 年の作成から改訂を重ね、2022 年が最新版となっている。
（https://www.jstt.org/assets/file/rinri_guideline_Ver3-3.pdf）

14）そもそも、遺骨や標本から体細胞を採取することは不可能である。細胞はすでに死んでいるからである。また、毛髪とは角化した細胞、すなわち死んだ細胞の集まりであるのでクローニングに使えない。われわれ生体に生えている毛髪すら、すでに死んだ細胞なのである。

15）実際、後述する 1999 年の報告書「クローン技術による人個体の産生等に関する基本的考え方（科学技術会議生命倫理委員会）」でも、「第 3 章 規制に関する検討」において、「万一禁止に反してクローン個体が産生された場合には、生まれてきた子供は個人として尊重されることは当然である」との記述がある。

16）2023 年 8 月に公表された日本産科婦人科学会の報告（2021 年 ART データブック）によれば、2021 年に体外受精で生まれた子供は過去最高の 69,797 人（凍結融解胚移植64,679 人＋新鮮胚移植 5,118 人）である。厚生労働省の統計によると、2021 年の総出生数は 811,622 人である。

17）哲学者の E. バダンテールは、「母性」とか「母性愛」なる概念も近代に作り出されたことを明らかにした。

18）「クローン技術による人個体の産生等に関する基本的考え方」
（https://www.mext.go.jp/b_menu/shingi/kagaku/rinri/cl912271.htm）

19）生殖の哲学についてラディカルに考えたい読者には、書籍タイトルそのままに、小泉義之『生殖の哲学』（2003）を推奨する。

20）ただし、ドリーが短命であったのは、研究者ら自身が施した「安楽死」の帰結である（ウィルマット他 2002）。

21) 実は卵子の細胞質にはミトコンドリアだけでなく、胚の後成的な形態発生に重要な作用を生じさせる諸構造が含まれる（小泉 2003; 若杉 1973; 塚本ほか 2010）

22) 通常の妊娠においても、母体と胎児は胎盤および子宮を介して、栄養や酸素だけでなく生化学・免疫学的等さまざまに循環している。さらには、胎児由来の細胞がわずかに母体へ、また母由来の細胞がわずかに胎児へ移行し、それぞれ長期的に残り続けて生存に寄与する（Fujimoto et al. 2022; Castellan et Irie 2022; Shao et al. 2023）。

（URL はすべて 2024 年 8 月 30 日最終閲覧）

参考文献

エリザベート・バダンテール［鈴木晶訳］，1998『母性という神話』ちくま学芸文庫.

Castellan, F.-S. and N. Irie, 2022, "Postnatal depletion of maternal cells biases T lymphocytes and natural killer cells' profiles toward early activation in the spleen," *Biology Open*, 11(11): 1–8.

Fujimoto, K., A. Nakajima, S. Hori, Y. Tanaka, Y. Shirasaki, S. Uemura and N. Irie, 2022, "Whole-embryonic identification of maternal microchimeric cell types in mouse using single-cell RNA sequencing," *Scientific Reports*, 12: 1–14.

林真理，2002『操作される生命——科学的言説の政治学』NTT 出版.［本章第 1 節の内容の詳細］

小泉義之，2003『生殖の哲学』河出書房新社.［本章第 5 節の内容の詳細］

ジーナ・コラータ［中俣真知子訳］，1998『クローン羊ドリー』アスキー出版局.

美馬達哉，2015『生を治める術としての近代医療——フーコー『監獄の誕生』を読み直す』現代書館.

奈良詩織，2022「フランスの生命倫理に関する法律の改正」『外国の立法』291: 51–104.

名和小太郎，2006「患者由来の試料は誰のものか」『管理』49(6): 346–347.

岡本裕一朗，2002『異議あり！ 生命・環境倫理学』ナカニシヤ出版.［本章第 4 節の内容の詳細］

Shao, T-Y, J.-M. Kinder, G. Harper, G. Pham, Y. Peng, J. Liu, E. Gregory, B.-E. Sherman, Y. Wu, A.-E. Iten, Y.-C. Hu, A.-E. Russi, J.-J. Erickson, E. Miller-Handley and S.-S. Way, 2023, "Reproductive outcomes after pregnancy-induced displacement of preexisting microchimeric cells," *Science*, 381: 1324–1330.

塚本智史・岸千絵子・水島昇，2010「初期胚発生におけるオートファジーの新しい役割」『顕微鏡』45(2): 91–93.

若杉昇，1973「卵の初期発生と着床機構」『日本畜産学会報』44(6): 293–301.

読書案内

ローリー・B・アンドルーズ［望月弘子訳］，2000『ヒト・クローン無法地帯——生殖医療がビジネスになった日』紀伊國屋書店.

粥川準二，2003『クローン人間』光文社.

毎日新聞取材班，2019『強制不妊──旧優生保護法を問う』毎日新聞出版.

ポール・ノフラー［中山潤一訳］，2017『デザイナー・ベビー──ゲノム編集によって迫られる選択』丸善出版.

荻野美穂，2012『中絶論争とアメリカ社会──身体をめぐる戦争』岩波書店.

フィリッパ・レヴィン［斉藤隆央訳］，2021『14歳から考えたい優生学』すばる舎.

〈ショワジール〉会編［辻由美訳］，1987『妊娠中絶裁判──マリ＝クレール事件の記録』みすず書房.

イアン・ウィルマット，キース・キャンベル，コリン・タッジ［牧野俊一訳］，2002『第二の創造──クローン羊ドリーと生命操作の時代』岩波書店.

米本昌平・松原洋子・橳島次郎・市野川容孝，2000『優生学と人間社会──生命科学の世紀はどこへ向かうのか』講談社.

索　引

謝　辞

　本書は、著者の所属機関である大阪公立大学で担当している学域生科目「生命科学技術と社会」をもとに構成されています。学生のみなさんからの思いもよらぬ発言やクスッとする質問が、本書を執筆する動機となりました。ミクロな世界が苦手な場合、人によっては退屈極まりない授業だったかもしれません。一方、つたない授業を面白がってくれる、いくばくかの変わり者（きわめて肯定的な意味合いです）の受講生たちのおかげで、挫けることなく続けられました。たいへん感謝しています。本書と同タイトルで続編となる、「人工細胞／移植／ゲノム編集／人工生命体」編の執筆も進めていますので、刊行されたさいは手に取っていただけると嬉しく思います。

　そして、遅々として進まぬ原稿を忍耐強く待ってくださった、大阪公立大学出版会の八木孝司氏、金井一弘氏、および西本佳枝氏に深く感謝申し上げます。

　本書は、JSPS 科研費［15K12794］・［19K20585］・［23K00094］の助成を受けたものです。

著 者 紹 介

山本由美子

名古屋大学大学院医学系研究科博士前期課程修了，立命館大学大学院先端総合学術研究科一貫制博士課程修了．博士（学術）．
現在，大阪公立大学現代システム科学研究科准教授．
専攻は生命の倫理・哲学，科学技術社会論，医療社会学．

主要業績

著書に，『死産児になる——フランスから読み解く『死にゆく胎児』と生命倫理』（生活書院），「動物と植物と微生物のあいだ——『妖怪人間ベム』があらわす反包摂の技法」（小西真理子・河原梓水編『狂気な倫理——「愚か」で「不可解」で「無価値」とされる生の肯定』晃洋書房），「生殖と身体のテクノロジーをめぐる統治性」（竹﨑一真・山本敦久編『ポストヒューマン・スタディーズへの招待——身体とフェミニズムをめぐる 11 の視点』堀之内出版）．論文に，「胎児組織利用と子産みをめぐる統治性および生資本」『科学技術社会論研究』17 号，「フランスにおける子どもの条件と医療・倫理・社会——『生命のない子ども (enfant sans vie)』たち」『日仏社会学会年報』27 巻，ほか．

OMUP

大阪公立大学出版会（OMUP）とは

本出版会は、大阪の5公立大学－大阪市立大学、大阪府立大学、大阪女子大学、大阪府立看護大学、大阪府立看護大学医療技術短期大学部－の教授を中心に2001年に設立された大阪公立大学共同出版会を母体としています。2005年に大阪府立の4大学が統合されたことにより、公立大学は大阪府立大学と大阪市立大学のみになり、2022年にその両大学が統合され、大阪公立大学となりました。これを機に、本出版会は大阪公立大学出版会（Osaka Metropolitan University Press「略称：OMUP」）と名称を改め、現在に至っています。なお、本出版会は、2006年から特定非営利活動法人（NPO）として活動しています。

About Osaka Metropolitan University Press (OMUP)

Osaka Metropolitan University Press was originally named Osaka Municipal Universities Press and was founded in 2001 by professors from Osaka City University, Osaka Prefecture University, Osaka Women's University, Osaka Prefectural College of Nursing, and Osaka Prefectural Medical Technology College. Four of these universities later merged in 2005, and a further merger with Osaka City University in 2022 resulted in the newly-established Osaka Metropolitan University. On this occasion, Osaka Municipal Universities Press was renamed to Osaka Metropolitan University Press (OMUP). OMUP has been recognized as a Non-Profit Organization (NPO) since 2006.

生命と科学技術と社会
21世紀の生命操作と思い通りにはさせぬ生き物の巧み
発生／生殖／クローニング編

2025年3月31日　初版第1刷発行

著　者　　山本　由美子
発行者　　八木　孝司
発行所　　大阪公立大学出版会（OMUP）
　　　　　〒599-8531 大阪府堺市中区学園町1－1
　　　　　大阪公立大学内
　　　　　TEL　072（251）6533　FAX　072（254）9539
印刷所　　和泉出版印刷株式会社

ISBN 978-4-909933-92-8